원큐패스는 수험생들이 한번에 합격하기를 응원합니다.

제과제빵 기능사

실기

김성영 · 김정희 · 박정연 공저

다락원

머리말

점차 우리나라 식생활이 서구화 되어감에 따라 제과제빵에 대한 관심과 소비가 증가하고 있습니다. 이에 따라 제과제빵에 대한 교육기관이 확대되고 자격증 취득 및 관련업종에 일하는 직업군도 다양화되고 있습니다. 또한 가정에서도 쉽게 건강한 빵과 과자를 만들어 주식으로 소비하는 일이 늘어남에 따라 제과제빵 관련 서적 및 정보가 다양해지고 있습니다.

최근에는 맛뿐만 아니라 모양이나 스타일을 추구하는 소비층도 늘어남에 따라 개인블로그 및 SNS 등의 매체 활용이 늘어났으며, '빵지순례'와 같은 신조어가 생겨나는 등 제과제빵에 대한 소비 트렌드가 맛과 더불어 하나의 식문화로 정착되어 가고 있습니다.

이 책은 제과제빵기능사 실기시험을 준비하는 수험생들의 시험 준비에 대한 요구뿐만 아니라, 현재 트렌드에 맞는 스타일링 기법 및 전체적인 디자인적 요소를 강조하는 형식으로 구성하였습니다. 또한, 제과제빵 시험품목을 통하여 다양한 제품을 응용할 수 있는 방법과 유행품목도 제시하였습니다.

제과제빵 기초이론과 더불어 새로운 출제기준과 평가기준에 맞춘 실기시험 품목에 관하여 단계별로 상세한 설명과 함께 쉽게 이해할 수 있도록 작업공정과정을 상세히 실었으며, 제품별 평가기준을 수록함으로써 어려움 없이 제과제빵기능사 실기 자격시험을 합격할 수 있도록 하였습니다.

미국의 심리학자 앤더스 에릭슨(K. Anders Ericsson)은 어떤 분야의 전문가가 되기 위해서는 1만 시간의 연습 시간이 필요하다는 1만 시간의 법칙을 제시하였습니다. 하루에 3시간씩 훈련할 경우 10년, 하루 10시간씩 훈련할 경우 3년이 걸립니다. 이렇듯 꾸준한 연습과 노력을 하면 반드시 자격증 취득을 할 수 있으며 여러분의 목표를 달성할 수 있습니다.

이 책이 제과제빵에 대한 지식과 관심을 높이고 목표를 이루는데 지침서가 되길 바랍니다. 끝으로 이 책이 완성되기까지 물심양면으로 지원과 격려를 아끼지 않고 보내주신 ㈜다락원과 제과제빵 기기 전문 업체 대우공업사에게 감사의 마음을 전합니다.

어느 멋진 날
저자 일동

이 책의 활용법

❶ 한 눈에 보는 차례
과제별 분류법과 사진으로 과제를 한 눈에 볼 수 있어요!

❷ 제과제빵 기초이론
과제 시작 전 알아두어야 할 제과제빵 기초이론을 정리했어요!

❸ 시험안내
수험자에게 꼭 필요한 시험정보만 모았어요!

---

⑤ 배합표

재료	비율(%)	무게(g)
박력분	100	500
설탕	120	600
달걀	180	900
소금	1	5(4)
바닐라향	0.5	2.5(2)
버터	20	100
계	421.5	2,107.5(2,106)

⑥ 요구사항

버터스펀지 케이크(공립법)를 제조하여 제출하시오.

❶ 배합표의 각 재료를 계량하여 재료별로 진열하시오(6분).
 · 재료계량(재료당 1분) → [감독위원 확인] → 작품제조 및 정리정돈(전체시험 시간-재료계량시간)
 · 재료 계량 시간내에 계량을 완료하지 못하여 시간이 초과된 경우 및 계량을 잘못한 경우는 추가의 시간 부여 없이 작품제조 및 정리정돈 시간을 활용하여 요구사항의 무게로 계량
 · 달걀의 계량은 감독위원이 지정하는 개수로 계량
❷ 반죽은 **공립법**으로 제조하시오.
❸ 반죽온도는 25℃를 표준으로 하시오.
❹ 반죽의 **비중**을 측정하시오.
❺ 제시한 팬에 맞도록 분할하시오.
❻ 반죽은 **전량**을 사용하여 성형하시오.

⑦ 제품 평가 기준

☐ **부피 :** 4개 제품의 틀 위로 부푼 비율이 알맞고 균일해야 하며, 반죽이 꺼지거나 넘치지 않아야 한다.
☐ **외부균형 :** 모양이 찌그러지지 않고 전체적으로 균형 잡힌 대칭을 이루어야 한다.
☐ **껍질 :** 부드럽고 두껍지 않으며 전체적으로 고른 황갈색을 띠고 반점 및 큰 기포가 없어야 한다.
☐ **내상 :** 밝은색을 띠고, 기공과 조직의 크기가 고르고, 섞이지 않은 재료 덩어리가 없어야 한다.
☐ **맛과 향 :** 끈적거리지 않고 부드러운 식감이며, 탄 냄새 및 생 재료 맛이 없어야 한다.

제조공정

1. **재료 계량 :** 6분
 가. 6분 이내에 재료 손실 없이 정확하게 계량한다.

2. **전처리 작업**
 가. 원형 케이크 틀에 위생지를 재단하여 깐다. 밑면은 틀과 동일한 크기로, 옆면은 틀의 높이보다 0.5~1cm 높게 올라오도록 한다.
 나. 가루재료(박력분, 바닐라향)를 혼합하여 체에 내려 준비한다.
 다. 버터를 40~60℃의 온도로 중탕하여 녹인다.

3. **반죽 :** 거품법(공립법), 최종반죽온도 25℃, 비중 0.50±0.05
 가. 부드럽게 달걀을 넣고 풀어준 후 설탕과 소금을 넣고 저속으로 휘핑하여 녹인다. 이

버터스펀지 케이크
● Butter Sponge Cake ●

❶
❷

❸

시험시간	1시간 50분
공정법	거품법(공립법)
생산량	원형 3호팬(21cm) 4개
준비물	원형 3호팬, 위생지, 체, 볼, 주걱, 온도계, 비중컵, 거품기, 가위, 저울, 버터

❹

스펀지 케이크는 거품 낸 달걀에 감미 재료, 가루재료를 넣고 부풀린 케이크로, 향미를 더욱 돋우기 위해 버터, 유제품, 향신료 등이 첨가되기도 한다.
해면(sea sponge)과 같은 기공을 가지고 있다고 하여 붙여진 이름으로 16세기 이탈리아 제노바에서 개발된 제누아즈(genoise)에서 유래된 것으로 추정하고 있으며, 후에 전 세계의 케이크 레시피에 영향을 주었다.
공립법은 달걀을 거품 내서 부풀리는 거품법 제조방법의 일종으로 달걀을 거품 낼 때 전란을 사용하는 공립법이다. 달걀을 흰자와 노른자로 분리하는 별립법에 비하여 공정이 간단하나, 달걀의 거품이 쉽게 꺼질 수 있는 단점이 있다.

---

❶ 각 과제별 동영상을 바로 볼 수 있는 QR코드
❷ 과제 완성 사진을 푸드스타일링으로 제시
❸ 한 눈에 보는 과제 정보
❹ 과제에 대한 설명
❺ 시험의 첫 순서인 배합표 채우기
❻ 과제별 가장 중요한 요구사항 확인
❼ 상세한 평가기준
❽ 공정과정에 대한 자세한 설명과 정확한 사진
❾ 과제별 Tip

| 동영상 보는 법 |

QR코드
핸드폰의 카메라 또는 어플에서 QR코드를 인식하면 영상으로 바로 가는 버튼이 활성화됩니다.

때 따뜻한 물로 중탕하여 반죽의 온도를 42~43℃까지 올린다.
나. 설탕과 소금이 녹으면 중속 및 고속으로 믹싱하여 반죽을 띠서 떨어뜨릴 때 리본 모양의 자국이 남고 일정한 간격으로 천천히 떨어지는 상태로 만든다.
다. 기포를 균일하게 만들어주기 위하여 중속 및 저속 순으로 잠시 믹싱한다.
라. 믹싱 완료된 반죽에 미리 체에 쳐 둔 가루재료(박력분, 바닐라향)를 넣고 가볍게 섞는다.
마. 반죽의 일부를 덜어 미리 녹여 둔 버터를 섞은 후 본 반죽에 넣고 가볍고 빠르게 섞는다.
바. 반죽의 온도와 비중을 측정한다.

4. **팬닝** : 원형 3호팬(21cm) 4개
가. 위생지를 깔아둔 팬에 완성된 반죽을 60% 높이(3호팬 약 420g, 2호팬 약 300g×6개)로 채운다.
나. 고무주걱으로 팬반죽의 표면을 고르게 펴고, 큰 기포를 제거하기 위하여 작업대에 팬을 한두 번 살짝 내리친다.

5. **굽기** : 윗불 180℃, 아랫불 160℃, 시간 25~30분
가. 제품의 구워진 상태에 따라 온도를 조절하고, 색이 나면 팬을 돌려가며 균일한 황갈색이 나도록 굽는다.

6. **냉각**
가. 오븐에서 꺼낸 팬을 작업대에 살짝 떨어뜨린 후 바로 반죽을 분리하여 냉각하고 위생지를 제거한다.

TIP
- 반죽을 중탕하는 물의 온도가 너무 높을 경우 달걀이 익을 수 있으므로 주의한다.
- 믹싱 과정에서 설탕이 완전히 녹아야 완성제품의 표면에 검은 반점이 생기지 않는다.
- 반죽에 가루재료와 용해된 버터를 섞을 시에는 고무주걱을 이용하여 U자로 가볍고 빠르게 섞어야 기포가 꺼지지 않는다.
- 녹인 버터를 너무 뜨거운 상태에서 섞을 경우 반죽의 비중과 온도의 차이로 반죽이 꺼질 수 있으며, 너무 차가운 상태에서 섞을 경우 버터가 굳을 수 있다.
- 오븐에서 꺼내어 바로 원형팬과 분리해야 수축을 막을 수 있다.

버터스펀지 케이크(공립법) | 29

| 응용레시피 |

❶ 응용레시피의 선정 기준을 제시
❷ 푸드스타일링을 더해 스토리가 있는 완성 사진
❸ 직접 만들어 더욱 정확한 레시피와 재료

응용레시피
스위트 경단
Sweet Rice Balls

버터스펀지 케이크 공립법은 별립법에 비해 입자가 거칠어 체에 내려 가루로 만들기 수월하여 경단 등의 토핑으로 사용하기 좋습니다.

❸ **재료**

건식 멥쌀가루	280g
건식 찹쌀가루	500g
소금 10g, 반죽용 설탕	100g
끓는 물	400g(반죽 시 조절)
설탕시럽(설탕 100g + 물 80g)	

고물

완성된 스펀지 케이크	1개
백년초가루	20g
단호박가루	20g
녹차가루	15g

1. 멥쌀가루와 찹쌀가루는 혼합하여 체에 내려 준다.
2. 혼합한 가루에 소금과 설탕을 넣고 끓는 물을 넣고 익반죽한다.
3. 익반죽한 반죽은 젖은 면포나 비닐로 씌운 후 10분간 휴지시킨다.
4. 휴지시킨 반죽은 지름 3cm 정도의 원모양으로 빚어준다.
5. 스펀지 케이크는 굵은 체에 내려 가루로 만든 후 단호박가루, 백년초가루, 녹차가루를 각각 섞는다.
6. 냄비에 물을 끓여 ④의 반죽을 넣고 동동 떠오를 때까지 삶는다.
7. 삶은 때는 얼음물에 식혀준다.
8. 식힌 경단은 설탕시럽을 묻히고 색색이 만들어놓은 스펀지 케이크 고물에 굴리면서 묻혀준다.

30 | 제과제빵기능사 실기

---

❶ 40개 레시피 요약
제과제빵기능사 시험 전과정을 한 눈에 보며 마무리해요!

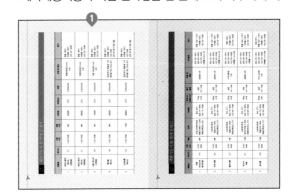

차례

 제과제빵 기초이론

제과제빵 이론 _ 12
제과 반죽법, 제과 공정, 제빵 반죽법

제과제빵 기계 및 도구류 _ 19

 NCS(SQF) 제과 능력단위별 실무
제과기능사　　**시험안내** _ 24

케이크류

버터스펀지 케이크 _27
- 공립법 -

버터스펀지 케이크 _31
- 별립법 -

시퐁 케이크 _35
- 시퐁법 -

젤리롤 케이크 _39

소프트롤 케이크 _43

초코롤 케이크 _49

흑미롤 케이크 _53

치즈 케이크 _57

파운드 케이크 _61

과일 케이크 _65

브라우니 _71

마데라(컵) 케이크 _75

초코머핀(초코컵케이크)
_79

구움과자류

버터 쿠키 _83

쇼트브레드 쿠키 _87

다쿠와즈 _91

마드레느 _95

타르트&파이류

슈 _99

타르트 _103

호두파이 _109

NCS(SQF) 제빵 능력단위별 실무
제빵기능사

시험안내 _114

식빵류

식빵 _117
- 비상스트레이트법 -

우유식빵 _121

풀만식빵 _125

옥수수식빵 _129

밤식빵 _133

버터톱 식빵 _139

쌀식빵 _143

베이글 _147

하드계열빵류

호밀빵 _151

통밀빵 _155

그리시니 _159

단과자빵류

버터롤 _163

모카빵 _167

단과자빵(트위스트형) _173

단과자빵(소보로빵) _179

단과자빵(크림빵) _185

단팥빵 _189
- 비상스트레이트법 -

스위트롤 _193

소시지빵 _197

빵도넛 _203

🍪 레시피 요약

제과기능사 한 번에 끝내기
제빵기능사 한 번에 끝내기

제과제빵
기초이론

1. 제과제빵 이론
2. 제과제빵 기계 및 도구류

1. 제과 반죽법

1) 반죽형 반죽법(Batter Type)

반죽형 반죽법은 많은 유지와 설탕을 고루 섞어 크림상태를 만든 뒤 달걀과 밀가루를 넣고 화학팽창제를 이용하여 부풀린 반죽이다. 반죽형 반죽법은 대부분의 쿠키, 파이, 머핀, 파운드 케이크 등을 만들 때 주로 사용하는 방법이다.

(1) 크림법(Creaming Method)

크림법은 상온에 둔 유지를 부드럽게 풀고 설탕을 넣고 크림상태로 만든 후 달걀을 조금씩 넣고 밀가루를 넣고 부드럽게 섞어 만든 반죽이다. 크림법을 이용하여 만든 제품에는 버터 쿠키, 파운드 케이크, 머핀류, 쇼트브레드 쿠키, 타르트 등이 있다.

(2) 블렌딩법(Blending Method)

블렌딩법은 제품의 조직감을 부드럽게 하고자 할 때 사용하는 반죽법으로 밀가루와 차가운 유지를 피복시킨 후 가루재료를 넣고 가볍게 섞어 준 후 달걀과 물을 넣고 반죽하는 방법이다. 블렌딩법을 이용하여 만든 제품에는 파이의 껍질 등이 있다.

(3) 1단계(변형)법(Single Stage Method)

1단계(변형)법은 모든 재료(가루재료, 유지, 설탕, 달걀 등)를 한 번에 넣고 반죽하는 방법으로 성능이 우수한 믹서기 사용과 화학팽창제를 사용하는 제품에 적합하다. 방법이 편리하여 노동력과 시간 절약을 할 수 있는 장점을 가지고 있다. 1단계(변형)법을 이용한 제품에는 브라우니, 마드레느 등이 있다.

(4) 시럽법(Sugar & Water Method)

시럽법은 물반죽법이라고도 하는데, 설탕과 물의 비율을 2:1로 녹여 시럽을 만들어 가루재료를 넣고 혼합 후 달걀을 넣고 반죽하는 방법이다. 이 반죽법은 설탕을 물에 녹여 반죽을 했기 때문에 반죽에 설탕 입자가 남아 있지 않아 반죽 도중 스패츌라로 긁어낼 필요가 없다. 시럽법 반죽은 구웠을 때 표면의 색깔이 일정하므로 대량으로 제품을 생산하는 회사에 적합한 방법이다.

2) 거품형 반죽(Foam Type)

거품형 반죽법은 달걀의 기포성과 변성을 이용하여 반죽을 부풀린 반죽법이다. 거품형 반죽에는 달걀흰자만을 사용하여 거품을 내어 사용한 머랭 반죽법과 흰자 거품과 노른자를 섞어 넣은 스펀지형 반죽법이 있다. 거품형 반죽을 이용한 제품으로는 머랭 쿠키, 스펀지 케이크류, 롤 케이크류, 쉬퐁 케이크, 과일 케이크 등이 있다.

(1) 머랭법

머랭법은 달걀의 흰자에 설탕을 첨가하여 단단한 거품을 낸 반죽이며, 설탕과 달걀흰자의 비율은 2:1로 하여 단백질의 기포성과 신장성을 이용한 반죽법이다. 머랭법을 이용하여 만든 제품에는 이탈리안 머랭, 스위스 머랭, 냉제 머랭, 온제 머랭 등이 있다.

(2) 스펀지 반죽법

스펀지 반죽법은 달걀에 설탕을 넣고 거품을 낸 후 가루류를 섞어주는 방법으로 공립법과 별립법으로 나뉜다. 스펀지 반죽법으로 만든 제품에는 스펀지 케이크, 롤 케이크류, 과일 케이크 등이 있다.

① 공립법

공립법은 달걀 흰자와 노른자를 함께 섞어 거품을 올린 후 가루재료를 넣고 반죽하는 방법이며, 계절에 따라서 방법이 약간 달라지는데 겨울에는 따뜻한 물로 중탕하여 반죽의 온도를 40~43℃까지 올린 후 반죽을 해야 거품이 꺼지지 않고 잘 부풀어 오른다.

② 별립법

별립법은 달걀흰자와 노른자를 분리하여 각각 반죽하는 방법으로 달걀흰자는 설탕을 넣고 단단한 머랭을 만들어 주고 달걀노른자 또한 분량의 설탕을 넣고 반죽하여 다른 재료와 같이 혼합하는 반죽법이다. 별립법은 기포가 단단하므로 구웠을 때 부피가 더 큰 것이 특징이다. 소프트롤 케이크, 오믈렛, 수플레 팬케이크 등의 제품이 있다.

(3) 시퐁형 반죽 (Chiffon Type)

시퐁형 반죽은 별립과 비슷한 반죽법으로 달걀의 흰자와 노른자를 나누어 반죽을 하되 달걀의 노른자는 거품을 내지 않고 달걀흰자만 거품을 내 화학적 팽창제를 이용하여 부풀리는 반죽법이다. 시퐁형 반죽은 부드러운 조직감이 있는 것이 특징이며, 시퐁법을 이용한 제품은 시퐁 케이크가 있다.

2. 제과 공정

1) 제과 공정 과정

> 반죽법 결정 → 재료계량 → 정형 및 팬닝 → 굽기 또는 튀기기 → 냉각

2) 반죽

① 온도

제과 공정에서 반죽의 온도는 제품의 완성도에 큰 영향을 미친다. 반죽의 온도가 높으면 기공이 크고 조직이 거칠며 노화가 빨리 진행이 되며 상품성이 떨어질 수 있다. 반면 온도가 낮으면 기포가 잘 올라오지 않아 기공이 조밀하고 제품의 부피가 작고, 표면이 터지는 현상이 나타난다. 따라서 반죽의 온도는 제품의 품질을 결정하는데 중요한 요소이므로 계절에 따라서 반죽의 온도를 확인하며 반죽한다.

② 비중

비중이란 제과에서 부피가 같은 물의 무게에 대한 반죽의 무게를 숫자로 나타낸 값을 말한다. 그 값이 낮을수록 비중은 낮다고 할 수 있다. 비중은 제품의 부피나 기공, 조직에 결정적인 영향을 주며, 비중이 낮을수록 공기를 많이 함유하고 있다는 의미여서 제품의 기공이 크고 조직이 거칠며 제품의 부피가 크다. 반면 비중이 높으면 제품의 기공이 조밀하며 부피가 작다.

$$\text{비중} = \frac{\text{반죽의 무게} - \text{컵의 무게}}{\text{물의 무게} - \text{컵의 무게}}$$

3) 정형과 팬닝

반죽의 정형과 팬닝은 제품의 모양과 품질을 결정짓는 요소 중 하나이다. 제품의 모양을 만드는 방법으로는 짜내기, 밀어내기, 찍어내기, 접어밀기 등으로 정형하고 팬닝한다.

> ★ 제품별 적정한 팬닝의 양 ★
> ① 제품의 반죽무게 = 팬의 부피 ÷ 비용적 (반죽 1g당 굽는데 필요한 팬의 부피)
> ② 거품형 반죽 : 팬 부피의 60~70% 정도
> 　 반죽형 반죽 : 팬 부피의 75~80% 정도

3. 제빵 반죽법

1) 스트레이트법(Straight Dough Method)

스트레이트법은 유지를 제외하고 모든 재료를 한꺼번에 넣고 반죽하는 방법으로 클린업단계에서 유지를 넣고 마지막 단계까지 반죽을 하는 것이다. 가장 많이 사용하는 반죽법이며 직접 반죽법이라고도 한다.

(1) 스트레이트법 공정 단계

> 재료계량 → 반죽 → 1차 발효 → 분할 → 둥글리기 → 중간발효 → 성형 → 팬닝 →
> 2차 발효 → 굽기 → 냉각 → 포장

공정단계	특징
재료계량	재료에 따른 비율을 계산하여 적합한 계량을 한다.
반죽	– 균일한 재료 혼합 – 글루텐 발달 단계 : 10~15분 내외(저속 → 중속 → 고속), 클린업단계 유지 첨가 – 반죽 희망온도 : 24~28℃
1차 발효	온도 27℃, 습도 75~85%, 부피 2~3.5배 정도(약 40분~2시간 30분)
분할	각 제품별 분할 중량 선택
둥글리기	표면이 매끄럽고 마르지 않게 둥글리기
중간발효	온도 상온(약 25℃ 내외), 부피 1~1.5배(10~15분 발효)
성형	제품에 따라서 성형(밀어 가스빼기, 말기, 이음새 봉하기)
팬닝	이음새 부분이 팬의 아래쪽을 향하게 팬닝(단과자빵류는 간격을 두고 팬닝)
2차 발효	온도 35~40℃, 습도 85~95%, 약 20분~1시간 발효 완료
굽기	제품의 중량에 따라 온도와 시간 조절
냉각	타공팬에 담아 랙에 걸쳐 냉각
포장	제품의 온도가 30~35℃ 정도에서 포장

2) 비상스트레이트법(Emergency Dough Method)

비상스트레이트법은 이스트의 양을 늘려 반죽의 시간을 짧게 하여 제품의 생산을 빠르게 하고자 하는 반죽법으로 제조시간을 단축하고자 할 때 주로 사용하는 방법이다.

(1) 발효시간을 단축시키는 방법

① 반죽의 온도를 높인다.

② 이스트의 양을 2배로 증가시킨다.

③ 설탕과 소금의 양을 감소시켜 삼투압 현상 감소로 활성을 촉진시킨다.

④ 반죽의 pH를 낮춘다.

⑤ 이스트 푸드의 양을 증가시킨다.

3) 중종법(스펀지/도우법 : Sponge/Dough Method)

중종법은 재료를 두 번에 나누어 반죽하고, 발효단계도 두 번에 걸쳐 하는 방법으로, 전체 밀가루의 60%를 이스트와 물을 섞어 반죽한 후 3~5시간 가량 발효시킨 스펀지 반죽에 나머지 40%의 밀가루와 나머지 재료를 넣고 반죽하는 방법이다. 중종법은 대규모의 제빵 공장에서 사용하는 반죽법이다.

(1) 중종법의 공정 단계

재료계량 → 스펀지 반죽 → 1차 발효 → 도우 반죽 → 플로어타임 → 분할 → 성형 → 팬닝 →
2차 발효 → 굽기 → 냉각 → 포장

공정단계	특징
재료계량	재료에 따른 비율을 계산하여 적합한 계량을 한다.
스펀지 반죽	- 균일한 재료 혼합 - 반죽온도 : 22~26℃, 반죽시간 : 저속 약 3~4분, 픽업단계
1차 발효 (스펀지 발효)	온도 27℃, 습도 75~85%, 부피 3~4배 정도
도우 반죽	- 1차 발효된 스펀지 반죽과 혼합하여 반죽 - 온도 : 24~28℃
플로어 타임	- 중간 발효 : 10~30분 - 스펀지 반죽에 밀가루 첨가량이 많을수록 플로어 타임이 단축됨
성형	분할 → 둥글리기 → 중간발효 → 성형 반복
팬닝	이음새 부분이 팬의 아래쪽을 향하게 팬닝
2차 발효	온도 35~40℃, 습도 85~95%, 약 20분~1시간 발효 완료
굽기	제품의 중량에 따라 온도와 시간 조절
냉각	타공팬에 담아 랙에 걸쳐 냉각
포장	제품의 온도가 30~35℃ 정도에서 포장

4) 액종법(Liquid Fermentation Dough Method)

액종법은 중종법이 변형된 방법으로 결점을 보완하기 위해 개발된 발효법이다. 액종법은 중종 대신 액체 발효종인 액종을 사용하여 만든 방법인데, 소금, 설탕, 이스트, 이스트푸드, 맥아, 물의 혼합액에 분유와 완충제를 넣어 액종을 만들어 반죽하는 방법이다.

(1) 액종법의 공정 단계

재료개량 → 액종발효 → 본반죽 믹싱 → 플로어타임 → 성형 → 팬닝 → 2차 발효 →
굽기 → 냉각 → 포장

공정단계	특징
재료계량	재료에 따른 비율을 계산하여 적합한 계량을 한다.
액종발효	– 30℃에서 약 2시간 발효 – 분유, 탄산칼슘, 염화암모늄 등 완충제 혼합 – 액종 발효점 pH 4.2~5.0
본반죽 믹싱	– 액종 + 본반죽 혼합하여 믹싱 – 26~34℃
플로어 타임	약 15~20분
성형	분할 → 둥글리기 → 중간발효 → 성형 반복
팬닝	이음새 부분이 팬의 아래쪽을 향하게 팬닝
2차 발효	온도 35~40℃, 습도 85~95%, 약 20분~1시간 발효 완료
굽기	제품의 중량에 따라 온도와 시간 조절
냉각	타공팬에 담아 랙에 걸쳐 냉각
포장	제품의 온도가 30~35℃ 정도에서 포장

5) 연속식 제빵법(Continuous Dough Mixing System)

연속식 제빵법은 반죽을 연속적으로 제조하는 방법으로 액종법으로 발효시킨 액종을 사용한 연속진행 방법을 뜻한다. 연속식 제빵법은 액종과 본반죽 재료를 예비로 혼합기에 넣고 반죽기, 분할기로 보내 반죽, 분할, 팬닝이 반복적으로 이루어지는 것이 특징이다. 이 방법은 자동화 기계 시스템으로 만들어지므로 노동력과 설비공간이 적게 드는 것이 특징이다. 하지만 제품 생산에 있어서 다양성과 초기 투자비용이 비싸 경제적 부담이 크다.

재료계량 → 액종발효 → 열교환기 → 산화제 용액탱크 → 쇼트닝 온도조절기 → 밀가루 급송장치
→ 예비혼합기 → 디벨로퍼 → 분할 → 팬닝 → 2차 발효 → 굽기 → 냉각 → 포장

6) 냉동생지법(Frozen Dough Method)

냉동생지법은 1차 발효가 끝난 반죽을 −40℃ 이하의 급속 냉동고에서 급속냉동 시킨 후, 냉동 저장하면서 필요 시 해동과 발효과정을 거쳐 제품을 만드는 방법으로 전체 제조시간을 단축시켜 일의 능률을 높이는 반죽법이다. 냉동생지법은 다양한 제품을 소량 생산할 수 있어 소비자에게 신선하게 제공될 수 있으며, 노화를 지연시켜 발효향이 풍부하고 운송 배달이 편리한 장점이 있지만, 가스 발생력과 탄력성이 떨어지는 단점도 가지고 있다.

재료개량 → 반죽 → 1차 발효 → 분할 → 둥글리기 → 중간발효 → 성형 → 급냉동(−40℃ 이하)
→ 냉동저장 → 팬닝 → 해동 → 2차 발효 → 굽기 → 냉각 → 포장

기계류

② 컨백션 오븐 (Convection Oven)

전기를 열원으로 사용하는 오븐으로 대류열을 이용하여 익히는 방법으로 단시간에 음식을 익힐 수 있지만 수분증발로 인해 딱딱해질 수 있는 단점이 있다. 쿠키류를 구울 때 용이하다.

① 데크 오븐 (Deck Oven)

일반적으로 가장 많이 사용하는 오븐으로 가스와 전기로 사용한다. 윗불과 아랫불을 조절할 수 있어 소프트빵이나, 단과자빵을 굽는데 용이하다.

④ 발효기 (Proof Box)

빵 반죽을 발효시키는데 사용하며, 발효기에는 건식 온도와 습식 온도가 있어 제품마다 온도와 습도를 조절하여 사용할 수 있다.

③ 믹서 (Mixer)

재료의 혼합, 반죽을 하는 기계로 글루텐을 형성시키고 거품을 내주는데 주로 사용한다.
믹서는 몸체, 볼, 훅, 비터, 휘퍼로 구성되어 있다.

⑤ 파이롤러 (Pie roller)

제과제빵 반죽을 일정하게 두께를 조절하면서 얇게 밀어펼 때 사용하는 기계로 도넛, 페이스트리 종류의 파이 반죽을 밀어펼 때 주로 사용한다.

⑥ 랙 (Rack)

오븐에서 구운 제과제빵 제품을 식히거나 대량으로 이동할 때 사용하며, 보관용으로도 사용하는 기기이다.

① 평철판 (Sheet Pan)

빵과 과자를 구울 때 사용하는 팬이다.

② 원형팬 (Round Pan)

원형 케이크의 시트를 구울 때 사용하는 팬이다.

③ 식빵팬 (White Bread Pan)

식빵을 구울 때 사용하는 팬으로 크기가 다양하다.

④ 풀만식빵팬 (Pullman Bread Pan)

빵과 과자를 구울 때 사용하는 팬이다.

⑤ 파운드팬 (Pound Cake Pan)

파운드 케이크를 구울 때 사용하는 팬이다.

⑥ 마드레느팬 (Madeleine Pan)

반죽을 조개껍질 모양의 팬에 구울 때 사용한다.

⑦ 머핀팬 (Muffin Pan)

컵케이크를 구울 때 사용하는 팬으로 크기가 다양하다.

⑧ 타르트팬 (Tart Pan)

타르트를 구울 때 사용하는 팬으로 겉면은 물결무늬로 된 것이 특징이다.

⑨ 브리오슈팬 (Brioche Pan)

작은 눈사람 모양의 브리오슈를 구울 때 사용하는 팬으로 겉면은 물결무늬로 된 것이 특징이다.

⑩ 시퐁팬 (Chiffon Pan)

시퐁 케이크를 구울 때 사용하는 팬으로 가운데 원기둥이 있으며 분리형 팬이다.

⑪ 파이팬 (Pie Pan)

파이류를 구울 때 사용하는 팬으로 사과파이, 호두파이 등을 구울 때 주로 사용된다.

⑫ 다쿠아즈틀 (Dacquoise Mold)

위, 아래가 뚫린 타원형의 틀로 다쿠아즈를 구울 때 사용된다.

⑬ 무스틀 (Mousse Mold)

치즈 케이크, 무스 종류를 만들 때 사용하는 틀로 다양한 모양이 있다.

⑭ 푸딩컵 (Pudding Cup)

원통형의 작은 팬으로 푸딩을 만들 때 사용하는 컵이다.

⑮ 타공팬 (Perforated Baking Sheet)

바닥에 구멍이 나있는 팬으로 제품을 냉각시킬 때 사용한다.

⑯ 스텐볼 (Stainless Steel Bowl)

재료를 혼합하거나 손질할 때 사용한다.

⑰ 체 (Sieve)

가루재료를 체 칠 때나 혼합물의 이물질을 거를 때 사용한다.

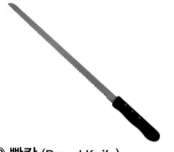

⑱ 빵칼 (Bread Knife)

다양한 빵과 케이크류를 자르는데 사용한다.

⑲ 고무주걱 (Spatula)

반죽을 긁어내거나 혼합할 때 사용하며, 종류가 다양하다.

⑳ 나무주걱 (Wooden Spatula)

슈반죽을 볶을 때나 크림 등이 들어간 소스를 저을 때 주로 사용한다.

㉑ 밀대 (Rolling Pin)

반죽을 얇게 밀어펼 때 주로 사용한다.

㉒ 스크레퍼 (Scraper)

반죽을 분할할 때 주로 사용하며, 반죽의 윗면을 평평하게 고를 때도 사용한다.

㉓ 스패츌러 (Spatula)

케이크 장식용 생크림을 바를 때 사용하며, 롤 케이크 등의 잼을 바를 때 사용한다.

㉔ 앙금주걱 (Sediment Spatula)

빵이나 화과자 등의 팥앙금이나 크림을 충전할 때 사용하는 도구이다.

㉕ 거품기 (Whisk)

달걀의 거품을 낼 때나 재료를 혼합할 때 사용한다.

㉖ 붓 (Brush)

제품의 표면에 달걀물이나 오일, 광택제 등을 바를 때 사용한다.

㉗ 페이스트리 휠 (Pastry Wheel)

페이스트리 반죽을 재단할 때 사용한다.

㉘ 스파이크롤러 (Spike Roller)

파이반죽에 일정하게 구멍을 낼 때 사용한다.

㉙ 온도계 (Thermometer)

제품 및 반죽의 온도를 측정할 때 사용한다.

㉚ 저울 (Weight Scale)

정확한 재료 계량 시 사용하며 전자식 저울을 주로 사용한다.

제과기능사

케이크류

버터스펀지 케이크(공립법), 버터스펀지 케이크(별립법),
시퐁 케이크(시퐁법), 젤리롤 케이크,
소프트롤 케이크, 초코롤 케이크, 흑미롤 케이크, 치즈 케이크
파운드 케이크, 과일 케이크, 브라우니, 마데라(컵) 케이크,
초코머핀(초코컵케이크)

구움과자류

버터 쿠키, 쇼트브레드 쿠키, 다쿠와즈, 마드레느

타르트&파이류

슈, 타르트, 호두파이

제과기능사 시험안내

★ 위생상태 및 안전관리 세부기준 안내

순번	구분	세부기준	채점기준
1	위생복 상의	• 전체 흰색, 팔꿈치가 덮이는 길이 이상의 7부·9부·긴소매 위생복 – 수험자 필요에 따라 흰색 팔토시 착용 가능 상의 여밈 단추 등은 위생복에 부착된 것이여야 함 – 벨크로(일명 찍찍이), 단추 등의 크기, 색상, 모양, 재질은 제한하지 않음 • (금지) 기관 및 성명 등의 표시·마크·무늬 등 일체 표식, 금속성 부착물·뱃지·핀 등 식품 이물 부착, 팔꿈치 길이보다 짧은 소매, 부직포·비닐 등 화재에 취약한 재질	• (실격) 미착용이거나 평상복인 경우 – 흰티셔츠·와이셔츠, 패션모자(흰털모자, 비니, 야구모자 등)는 실격 – 위생복 상·하의, 위생모, 마스크 중 1개라도 미착용 시 실격 • (위생 0점) 금지 사항 및 기준 부적합 – 위생복장 색상 미준수, 일부 무늬가 있거나 유색·표식이 가려지지 않는 경우, 기관 및 성명 등 표식 – 식품 가공용이 아닌 복장 등(화재에 취약한 재질 및 실험복 형태의 영양사·실험용 가운은 위생 0점) – 반바지·치마, 폭넓은 바지 등 – 위생모가 뚫려있어 머리카락이 보이거나, 수건 등으로 감싸 바느질 마감처리가 되어있지 않고 풀어지기 쉬워 작업용으로 부적합한 경우 등
2	위생복 하의 (앞치마)	• 「(색상 무관) 평상복 긴바지 + 흰색 앞치마」또는 「흰색 긴바지 위생복」 – 평상복 긴바지 착용 시 긴바지의 색상·재질은 제한이 없으나, 안전사고 예방을 위해 맨살이 드러나지 않는 길이의 긴바지여야 함 – 흰색 앞치마 착용 시 앞치마 길이는 무릎 아래까지 덮이는 길이일 것, 상하일체형(목끈형) 가능 • (금지) 기관 및 성명 등의 표시·마크·무늬 등 일체 표식, 금속성 부착물·뱃지·핀 등 식품 이물 부착, 반바지·치마·폭넓은 바지 등 안전과 작업에 방해가 되는 복장, 부직포·비닐 등 화재에 취약한 재질	
3	위생모	• 전체 흰색, 빈틈이 없고 일반 식품 가공 시 사용되는 위생모 – 크기, 길이, 재질(면, 부직포 등 가능) 제한 없음 • (금지) 기관 및 성명 등의 표시·마크·무늬 등 일체 표식, 금속성 부착물·뱃지 등 식품 이물 부착(단, 위생모 고정용 머리핀은 사용 가능) 바느질 마감처리가 되어 있지 않은 흰색 머릿수건(손수건)은 머리카락 및 이물에 의한 오염 방지를 위해 착용 금지	
4	마스크 (입가리개)	• 침액 오염 방지용으로, 종류(색상, 크기, 재질 무관) 등은 제한하지 않음 – '투명 위생 플라스틱 입가리개' 허용	
5	위생화 (작업화)	• 위생화, 작업화, 조리화, 운동화 등(색상 무관) – 단, 발가락, 발등, 발뒤꿈치가 모두 덮일 것 (금지) 기관 및 성명 등의 표시, 미끄러짐 및 화상의 위험이 있는 슬리퍼류, 작업에 방해가 되는 굽이 높은 구두, 속굽 있는 운동화	
6	장신구	• (금지) 장신구(단, 위생모 고정용 머리핀은 사용 가능) – 손목시계, 반지, 귀걸이, 목걸이, 팔찌 등 이물, 교차오염 등의 위험이 있는 장신구일체 금지	
7	두발	• 단정하고 청결할 것, 머리카락이 길 경우 흘러내리지 않도록 머리망을 착용하거나 묶을 것	
8	손 / 손톱	• 손에 상처가 없어야 하나, 상처가 있을 경우 식품용 장갑 등을 사용하여 상처가 노출되지 않도록 할 것(시험위원 확인 하에 추가 조치 가능), 손톱은 길지 않고 청결해야 함 • (금지) 매니큐어, 인조손톱 등	• (위생 0점) 금지 사항 및 기준 부적합
9	위생관리	• 작업 과정은 위생적이어야 하며, 도구는 식품 가공용으로 적합해야 함 • 장갑 착용 시 용도에 맞도록 구분하여 사용할 것 (예시) 설거지용과 작품 제조용은 구분하여 사용해야 함, 위반 시 위생 0점 처리 • 위생복 상의, 앞치마, 위생모의 개인 이름·소속 등의 표식 제거는 테이프를 부착하여 가릴 수 있음 • 식품과 직접 닿는 조리도구 부분에 이물질(예: 테이프)을 부착하지 않을 것 • 눈금 표시된 조리기구 사용 허용(단, 눈금표시를 하나씩 재어가며 재료를 쓰는 등 감독위원이 작업이 미숙하다고 판단할 경우 작업 전반 숙련도 부분 감점될 수 있음에 유의)	
10	안전사고 발생 처리	• 칼 사용(손 빔) 등으로 안전사고 발생 시 응급조치를 하여야 하며, 응급조치에도 지혈이 되지 않을 경우 시험 진행 불가	

※ 위 기준 외 일반적인 개인위생, 식품위생, 작업장 위생, 안전관리를 준수하지 않을 경우 감점 처리될 수 있습니다.
※ 시험장내 모든 개인물품에는 기관 및 성명 등의 표시가 없어야 합니다.

★ 수험자 유의사항 안내

1. 항목별 배점은 제조공정 55점, 제품평가 45점이며, 요구사항 외의 제조방법 및 채점기준은 비공개입니다.
2. 시험시간은 재료 전처리 및 계량시간, 제조, 정리정돈 등 모든 작업과정이 포함된 시간입니다.
3. 수험자 인적사항은 검은색 필기구만 사용하여야 합니다. 그 외 연필류, 유색 필기구, 지워지는 펜 등은 사용이 금지됩니다.
4. 시험 전과정 위생수칙을 준수하고 안전사고 예방에 유의합니다.

> • 시작 전 간단한 가벼운 몸 풀기(스트레칭) 운동을 실시한 후 시험을 시작하십시오.
> • 위생복장의 상태 및 개인위생(장신구, 두발·손톱의 청결 상태, 손씻기 등)의 불량 및 정리 정돈 미흡 시 위생항목 감점처리 됩니다.

5. 다음 사항은 실격에 해당하여 채점 대상에서 제외됩니다.
   - 수험자 본인이 수험 도중 시험에 대한 포기 의사를 표현하는 경우
   - 위생복 상의, 위생복 하의(또는 앞치마), 위생모, 마스크 중 1개라도 착용하지 않은 경우
   - 시험시간 내에 작품을 제출하지 못한 경우
   - 수량(미달), 모양을 준수하지 않았을 경우

> • 지정된 수량 초과, 과다 생산의 경우는 총점에서 10점을 감점합니다.
> • 요구사항에 명시된 수량 또는 감독위원이 지정한 수량(시험장별 팬의 크기에 따라 조정 가능)을 준수하여 제조하고, 잔여 반죽은 감독위원의 지시에 따라 별도로 제출하시오. (단, 'O개 이상'으로 표기된 과제는 제외합니다.)
> • 반죽 제조법(공립법, 별립법, 시퐁법 등)을 준수하지 않은 경우는 제조공정에서 반죽 제조 항목(과제별 배점 5~6점 정도)을 0점 처리하고, 총점에서 10점을 추가 감점합니다.

   - 상품성이 없을 정도로 타거나 익지 않은 경우
   - 지급된 재료 이외의 재료를 사용한 경우
   - 시험 중 시설·장비의 조작 또는 재료의 취급이 미숙하여 위해를 일으킬 것으로 감독위원 전원이 합의하여 판단한 경우
6. 의문 사항이 있으면 감독위원에게 문의하고, 감독위원의 지시에 따릅니다.

★ 특이사항

1. 시험장별 재료 계량용 저울의 눈금 표기가 상이하여(짝수/홀수), 배합표의 표기를 "홀수(짝수)" 또는 "소수점(정수)"의 형태로 병행 표기하여 기재합니다.
   - 시험장의 저울 눈금표시 단위에 맞추어 시험장 감독위원의 지시에 따라 올림 또는 내림으로 계량할 수 있음을 참고하시기 바랍니다.
   - 시험장의 저울을 사용하거나, 수험자가 개별로 지참한 저울을 사용하여 계량합니다(저울은 수험자 선택사항으로 필요 시 지참).
2. 배합표에 비율(%) 60~65, 무게(g) 600~650과 같이 표기된 과제는 반죽의 상태에 따라 수험자가 물의 양을 조정하여 제조합니다.
3. 제과기능사, 제빵기능사 실기시험의 전체 과제는 '반죽기(믹서) 사용 또는 수작업 반죽(믹싱)'이 모두 가능함을 참고하시기 바랍니다(마데라 컵 케이크, 초코 머핀 등의 과제는 수험자 선택에 따라 수작업 믹싱도 가능).

   - 단, 요구사항에 반죽 방법(수작업)이 명시된 과제는 요구사항을 따라야 합니다.
4. 시험장에는 시간을 확인할 수 있는 공용시계가 구비되어 있으며, 시험시간의 종료는 공용시계를 기준으로 합니다. 만약, 수험자 개인 용도의 시계, 타이머를 지참하여 사용하고나 할 경우, 아래 사항에 유의하시기 바랍니다.
   - 손목시계 착용 시 "장신구"에 해당하여 위생부분이 감점되므로 사용하지 않습니다.
   - 탁상용 시계를 제조과정 중 재료 및 도구와 접촉시키는 등 비위생적으로 관리할 경우 위생부분 감점되므로, 유의합니다. 또한 시험시간은 공용시계를 기준으로 하므로 개인이 지참한 시계는 시험시간의 기준이 될 수 없음을 유념하시기 바랍니다.
   - 타이머는 소리알람(진동)이 발생하지 않도록 "무음 및 무진동"으로 설정하여 사용합니다(다른 수험자에게 피해가 될 수 있으므로 특히 주의).
   - 개인이 지참한 시계, 타이머에 의하여 소리알람(진동)이 발생하여 시험진행에 방해가 될 경우, 본부요원 및 감독위원은 수험자에게 개별적인 시계, 타이머 사용을 금지시킬 수 있습니다.

★ 지참준비물 목록

1. 계산기 1EA(계산용, 필요 시 지참)
2. 고무주걱 1EA(중, 제과용)
3. 국자 1EA(소)
4. 나무주걱 1EA(제과용, 중형)
5. 마스크 1EA(일반용, 미착용 시 실격)
6. 보자기 1장(면, 60×60cm)
7. 분무기 1EA
8. 붓 1EA(제과용)
9. 스쿱 1EA(재료계량용)
   ※ 재료계량 용도의 소도구 지참(스쿱, 계량컵, 주걱, 국자, 쟁반, 기타 용기 등 사용가능)
10. 실리콘페이퍼 1(테프론시트)
    ※ 필수준비물은 아니며 수험생 선택사항입니다.
11. 오븐장갑 1켤레(제과제빵용)
12. 온도계 1EA(제과제빵용, 유리제품제외)
13. 용기 1EA(스텐 또는 플라스틱, 소형)
    ※ 스테인리스볼, 플라스틱용기 등 필요 시 지참(수량 제한 없음)
14. 위생모 1EA(흰색) ※ 상세안내 참조
15. 위생복 1벌(흰색(상하의)) ※ 상세안내 참조
16. 자 1EA(문방구용, 30~50cm)
17. 작업화 1EA ※ 상세안내 참조
18. 저울 1대(조리용)
    ※ 시험장에 저울 구비되어 있음, 수험자 선택사항으로 개인용 필요 시 지참, 측정단위 1g 또는 2g, 크기 및 색깔 등의 제한 없음, 제과용 및 조리용으로 적합한 저울 일 것
19. 주걱 1EA(제빵용, 소형)
20. 짤주머니 1EA
    ※ 모양깍지는 검정장시설별로 별, 원형, 납작톱니 모양이 구비되어 있으나, 수험생 별도 지참도 가능합니다.
21. 칼 1EA(조리용)
22. 필러칼 1EA(조리용)
    ※ 사과파이 제조 시 사과 껍질 벗기는 용도, 필요 시 지참
23. 행주 1EA(면)
24. 흑색볼펜 1EA(사무용)

버터스펀지 케이크

공립법

☙ Butter Sponge Cake ☙

시험시간	1시간 50분
공정법	거품법(공립법)
생산량	원형 3호팬(21cm) 4개
준비물	원형 3호팬, 위생지, 체, 볼, 주걱, 온도계, 비중컵, 거품기, 가위, 저울, 버너

스펀지 케이크는 거품 낸 달걀에 감미재료, 가루재료를 넣고 부풀린 케이크로, 향미를 더욱 돋우기 위해 버터, 유제품, 향신료 등이 첨가되기도 한다.

해면(sea sponge)과 같은 기공을 가지고 있다고 하여 붙여진 이름으로 16세기 이탈리아 제노바에서 개발된 제누아즈(genoise)에서 유래된 것으로 추정하고 있으며, 후에 전 세계의 케이크 레시피에 영향을 주었다.

공립법은 달걀을 거품 내서 부풀리는 거품법 제조방법의 일종으로 달걀을 거품 낼 때 전란을 사용하는 공법이다. 달걀을 흰자와 노른자로 분리하는 별립법에 비하여 공정이 간단하나, 달걀의 거품이 쉽게 꺼질 수 있는 단점이 있다.

배합표

재료	비율(%)	무게(g)
박력분	100	500
설탕	120	600
달걀	180	900
소금	1	5(4)
바닐라향	0.5	2.5(2)
버터	20	100
계	421.5	2,107.5(2,106)

요구사항

버터스펀지 케이크(공립법)를 제조하여 제출하시오.

❶ 배합표의 각 재료를 계량하여 재료별로 진열하시오(6분).
- 재료계량(재료당 1분) → [감독위원 계량확인] → 작품제조 및 정리정돈(전체시험시간−재료계량시간)
- 재료계량 시간내에 계량을 완료하지 못하여 시간이 초과된 경우 및 계량을 잘못한 경우는 추가의 시간 부여 없이 작품제조 및 정리정돈 시간을 활용하여 요구사항의 무게대로 계량
- 달걀의 계량은 감독위원이 지정하는 개수로 계량

❷ 반죽은 **공립법**으로 제조하시오.
❸ 반죽온도는 **25℃**를 표준으로 하시오.
❹ 반죽의 **비중**을 측정하시오.
❺ 제시한 팬에 알맞도록 분할하시오.
❻ 반죽은 **전량**을 사용하여 성형하시오.

제품 평가 기준

☐ **부피** : 4개 제품의 틀 위로 부푼 비율이 알맞고 균일해야 하며, 반죽이 꺼지거나 넘치지 않아야 한다.
☐ **외부균형** : 모양이 찌그러지지 않고 전체적으로 균형 잡힌 대칭을 이루어야 한다.
☐ **껍질** : 부드럽고 두껍지 않으며 전체적으로 고른 황갈색을 띠고 반점 및 큰 기포가 없어야 한다.
☐ **내상** : 밝은색을 띠고, 기공과 조직의 크기가 고르며, 섞이지 않은 재료 덩어리가 없어야 한다.
☐ **맛과 향** : 끈적거리지 않고 부드러운 식감이며, 탄 냄새 및 생 재료 맛이 없어야 한다.

제조공정

1_ 재료 계량 : 6분
가. 6분 이내에 재료 손실 없이 정확하게 계량한다.

2_ 전처리 작업
가. 원형 케이크 틀에 위생지를 재단하여 깐다. 밑면은 틀과 동일한 크기로, 옆면은 틀의 높이보다 0.5~1cm 높게 올라오도록 한다.
나. 가루재료(박력분, 바닐라향)를 혼합하여 체에 내려 준비한다.
다. 버터를 40~60℃의 온도에서 중탕하여 녹인다.

3_ 반죽 : 거품법(공립법), 최종반죽온도 25℃, 비중 0.50±0.05
가. 볼에 달걀을 넣고 풀어준 후 설탕과 소금을 넣고 저속으로 휘핑하여 녹인다. 이

때 따뜻한 물로 중탕하여 반죽의 온도를 42~43℃까지 올린다.

나. 설탕과 소금이 녹으면 중속 및 고속으로 믹싱하여 반죽을 떠서 떨어뜨릴 때 리본 모양의 자국이 남고 일정한 간격으로 천천히 떨어지는 상태로 만든다.

다. 기포를 균일하게 만들어주기 위하여 중속 및 저속 순으로 잠시 믹싱한다.

라. 믹싱 완료된 반죽에 미리 체에 쳐 둔 가루재료(박력분, 바닐라향)를 넣고 가볍게 섞는다.

마. 반죽의 일부를 덜어 미리 녹여 둔 버터를 섞은 후 본 반죽에 넣고 가볍고 빠르게 섞는다.

바. 반죽의 온도와 비중을 측정한다.

4_ 팬닝 : 원형 3호팬(21cm) 4개

가. 위생지를 깔아둔 팬에 완성된 반죽을 60% 높이(3호팬 약 420g, 2호팬 약 300g×6개)로 채운다.

나. 고무주걱으로 팬반죽의 표면을 고르게 펴고, 큰 기포를 제거하기 위하여 작업대에 팬을 한두 번 살짝 내리친다.

5_ 굽기 : 윗불 180℃ 아랫불 160℃, 시간 25~30분

가. 제품의 구워진 상태에 따라 온도를 조절하고, 색이 나면 팬을 돌려가며 균일한 황갈색이 나도록 굽는다.

6_ 냉각

가. 오븐에서 꺼낸 팬을 작업대에 살짝 떨어뜨린 후 바로 반죽을 분리하여 냉각하고 위생지를 제거한다.

TIP

* 반죽을 중탕하는 물의 온도가 너무 높을 경우 달걀이 익을 수 있으므로 주의한다.
* 믹싱 과정에서 설탕이 완전히 녹아야 완성제품의 표피에 검은 반점이 생기지 않는다.
* 반죽에 가루재료와 용해된 버터를 섞을 시에는 고무주걱을 이용하여 U자로 가볍고 빠르게 섞어야 기포가 꺼지지 않는다.
* 녹인 버터를 너무 뜨거운 상태에서 섞을 경우 반죽의 비중과 온도의 차이로 반죽이 꺼질 수 있으며, 너무 차가운 상태에서 섞을 경우 버터가 굳을 수 있다.
* 오븐에서 꺼내어 바로 원형팬과 분리해야 수축을 막을 수 있다.

스위트 경단
Sweet Rice Balls

> 버터스펀지 케이크 공립법은 별립법에 비해 입자가 거칠어 체에 내려 가루로 만들기 수월하여 경단 등의 토핑으로 사용하기 좋습니다.

🥄 재료

건식 멥쌀가루 280g
건식 찹쌀가루 500g
소금 10g, 반죽용 설탕 100g
끓는 물 400g(반죽 시 조절)
설탕시럽(설탕 100g + 물 80g)

🥄 고물

완성된 스펀지 케이크 1개
백년초가루 20g
단호박가루 20g
녹차가루 15g

1. 멥쌀가루와 찹쌀가루는 혼합하여 체에 내려 준다.

2. 혼합한 가루에 소금과 설탕을 넣고 끓는 물을 넣고 익반죽한다.

3. 익반죽한 반죽은 젖은 면포나 비닐로 씌운 후 10분간 휴지시킨다.

4. 휴지시킨 반죽은 지름 3cm 정도의 볼모양으로 빚어준다.

5. 냄비에 물을 끓여 (4)의 반죽을 넣고 둥둥 떠오를 때까지 삶는다.

6. 스펀지 케이크는 굵은 체에 내려 가루로 만든 후 단호박가루, 백년초가루, 녹차가루를 각각 섞는다.

7. 삶은 떡은 얼음물에 식혀준다.

8. 식힌 경단은 설탕시럽을 묻히고 색색이 만들어놓은 스펀지 케이크 고물에 굴리면서 묻혀준다.

버터스펀지 케이크
별립법
◉ Butter Sponge Cake ◉

시험시간	1시간 50분
공정법	거품법(별립법)
생산량	원형 3호팬(21cm) 4개
준비물	원형 3호팬, 위생지, 체, 볼, 주걱, 거품기, 온도계, 비중컵, 가위, 저울

스펀지 케이크는 거품 낸 달걀에 감미재료, 가루재료를 넣고 부풀린 케이크로, 향미를 더욱 돋우기 위해 버터, 유제품, 향신료 등이 첨가되기도 한다.

해면(sea sponge)과 같은 기공을 가지고 있다고 하여 붙여진 이름으로 16세기 이탈리아 제노바에서 개발된 제누아즈(genoise)에서 유래된 것으로 추정하고 있으며, 후에 전 세계의 케이크 레시피에 영향을 주었다.

별립법은 달걀을 거품 내서 부풀리는 거품법 제조방법의 일종으로 달걀의 노른자와 흰자를 분리하여 각각 거품 낸 후 혼합하여 케이크를 만드는 공법이다. 전란을 한 번에 거품 내는 공립법에 비하여 공정이 복잡하나, 부드러운 식감을 주며, 달걀의 거품이 쉽게 꺼지지 않아 반죽을 담아낸 모양 그대로 구울 수 있는 장점이 있다.

재료	비율(%)	무게(g)
박력분	100	600
설탕(A)	60	360
설탕(B)	60	360
달걀	150	900
소금	1.5	9(8)
베이킹파우더	1	6
바닐라향	0.5	3(2)
용해버터	25	150
계	398	2,388(2,386)

요구사항

버터스펀지 케이크(별립법)를 제조하여 제출하시오.

❶ 배합표의 각 재료를 계량하여 재료별로 진열하시오(8분).
  - 재료계량(재료당 1분) → [감독위원 계량확인] → 작품제조 및 정리정돈(전체시험 시간−재료계량시간)
  - 재료계량 시간내에 계량을 완료하지 못하여 시간이 초과된 경우 및 계량을 잘못한 경우는 추가의 시간 부여 없이 작품제조 및 정리정돈 시간을 활용하여 요구사항의 무게대로 계량
  - 달걀의 계량은 감독위원이 지정하는 개수로 계량

❷ 반죽은 **별립법**으로 제조하시오.

❸ 반죽온도는 **23℃**를 표준으로 하시오.

❹ 반죽의 **비중**을 측정하시오.

❺ 제시한 팬에 알맞도록 분할하시오.

❻ 반죽은 **전량**을 사용하여 성형하시오.

제품 평가 기준

☐ **부피** : 4개 제품의 틀 위로 부푼 비율이 알맞고 균일해야 하며, 반죽이 꺼지거나 넘치지 않아야 한다.
☐ **외부균형** : 모양이 찌그러지지 않고 전체적으로 균형 잡힌 대칭을 이루어야 한다.
☐ **껍질** : 부드럽고 두껍지 않으며 전체적으로 고른 황갈색을 띠고 반점 및 큰 기포가 없어야 한다.
☐ **내상** : 밝은색을 띠고, 기공과 조직의 크기가 고르며, 섞이지 않은 재료 덩어리가 없어야 한다.
☐ **맛과 향** : 끈적거리지 않고 부드러운 식감이며, 탄 냄새 및 생 재료 맛이 없어야 한다.

제조공정

1_ 재료 계량 : 8분
가. 8분 이내에 재료 손실 없이 정확하게 계량한다.

2_ 전처리 작업
가. 원형 케이크 틀에 위생지를 재단하여 깐다. 밑면은 틀과 동일한 크기로, 옆면은 틀의 높이보다 0.5~1cm 높게 올라오도록 한다.
나. 가루재료(박력분, 베이킹파우더, 바닐라향)를 혼합하여 체에 내려 준비한다.
다. 버터를 40~60℃의 온도에서 중탕하여 녹인다.

3_ 반죽 : 거품법(별립법), 최종반죽온도 23℃, 비중 0.55±0.05
가. 달걀의 노른자와 흰자를 섞이지 않도록 주의하며 분리한다.

나. 볼에 달걀노른자를 넣고 거품기로 풀어
준 후 설탕(A)과 소금을 넣고 아이보리색
이 될 때까지 휘핑한다.

다. 믹싱볼에 달걀흰자를 넣고 60% 정도
(전체적으로 흰자 거품이 뽀얗게 올라온
상태) 믹싱한 후 설탕을 3번에 걸쳐 나
눠 넣으며 계속하여 고속으로 믹싱하여
80~90% 상태의 머랭(거품기에 매달린
반죽의 끝이 새의 부리처럼 살짝 휘는 상
태)을 완성한다.

라. (나)의 달걀노른자 반죽에 (다)의 머랭을
1/3 분량을 넣고 섞는다.

마. 미리 체에 쳐 둔 가루재료(박력분, 베이킹
파우더, 바닐라향)를 넣고 가볍게 섞는다.

바. 반죽의 일부를 덜어 미리 녹여 둔 버터를
섞은 후 본 반죽에 넣고 가볍고 빠르게
섞는다.

사. 나머지 머랭을 두 번에 나눠 넣고 가볍고
빠르게 섞는다.

아. 반죽의 온도와 비중을 측정한다.

4_ 팬닝 : 원형 3호팬(21cm) 4개

가. 위생지를 깔아둔 팬에 완성된 반죽을
60% 높이(약 420g, 2호팬 약 300g×6
개)로 채운다.

나. 고무주걱으로 반죽의 표면을 고르게 펴
고, 큰 기포를 제거하기 위하여 작업대에
팬을 한두 번 살짝 두들긴다.

5_ 굽기 : 윗불 180℃ 아랫불 160℃,
시간 25~30분

가. 제품의 구워진 상태에 따라 온도를 조절
하고, 색이 나면 팬을 돌려가며 균일한
황갈색이 나도록 굽는다.

6_ 냉각

가. 오븐에서 꺼낸 팬을 작업대에 살짝 떨어
뜨린 후 바로 반죽을 분리하여 냉각하고
위생지를 제거한다.

TIP

＊ 약간의 달걀노른자로도 머랭의 형성이 방해될 수 있으므로 달걀을 분리할 때 흰자와 노른자가 서로 섞이지 않도록 주의한다.

＊ 머랭을 만들 볼과 거품기 등의 도구들은 머랭의 형성을 방해하는 이물질, 수분, 유분 등이 남아 있지 않도록 유의하여 준비한다.

＊ 거품 낸 달걀노른자 반죽에 머랭과 가루재료, 버터를 섞을 시에는 완벽하게 섞은 후 다음 재료를 섞지 말고, 80~90% 섞인 상태에서 다음 재료를 넣고 섞어주어야
거품이 꺼지는 것을 방지할 수 있으며, 마지막 단계에서 완벽하게 섞는다.

＊ 오븐에서 꺼내어 바로 원형팬과 분리해야 수축을 막을 수 있다.

응용 레시피

수플레 팬케이크
Souffle Pan Cake

> 버터스펀지 케이크 별립법은 케이크 식감이 굉장히 부드러워 수플레 케이크를 만들기에 적합합니다. 수플레는 '부풀다'의 뜻을 가져 머랭을 이용하여 부풀리는 별립법 공정을 이용합니다.

재료

버터스펀지 케이크 반죽 700g
버터
메이플시럽
생크림

1. 팬에 버터를 녹인 후 버터스펀지 케이크 반죽을 넣고 약한 불에서 뚜껑을 덮고 굽는다.

2. 기호에 따라서 생크림이나 메이플시럽을 곁들인다.

시퐁 케이크

● Chiffon Cake ●

시험시간	1시간 40분
공정법	시퐁법
생산량	시퐁 3호팬(21cm) 4개
준비물	시퐁 3호팬, 분무기, 나무젓가락, 체, 볼, 주걱, 거품기, 온도계, 비중컵, 저울, 위생지

시퐁은 프랑스어로 '비단'이라는 뜻으로, 그만큼 부드럽고 우아한 맛이 난다고 하여 붙여진 이름이다. 1927년 미국의 보험 판매원이었던 해리 베이커가 개발한 것으로 알려져 있다.

시퐁법은 별립법과 유사하나, 별립법과 다르게 달걀노른자를 거품 내지 않고 흰자의 머랭과 화학팽창제를 이용하여 부풀리며, 버터가 아닌 식용유를 사용하여 더욱 가벼운 식감과 풍미를 부여하는 것이 특징이다.

배합표

재료	비율(%)	무게(g)
박력분	100	400
설탕(A)	65	260
설탕(B)	65	260
달걀	150	600
소금	1.5	6
베이킹파우더	2.5	10
식용유	40	160
물	30	120
계	454	1,816

요구사항

시퐁 케이크(시퐁법)를 제조하여 제출하시오.

❶ 배합표의 각 재료를 계량하여 재료별로 진열하시오(8분).
- 재료계량(재료당 1분) → [감독위원 계량확인] → 작품제조 및 정리정돈(전체시험 시간-재료계량시간)
- 재료계량 시간내에 계량을 완료하지 못하여 시간이 초과된 경우 및 계량을 잘못한 경우는 추가의 시간 부여 없이 작품제조 및 정리정돈 시간을 활용하여 요구사항의 무게대로 계량
- 달걀의 계량은 감독위원이 지정하는 개수로 계량

❷ 반죽은 **시퐁법**으로 제조하고 비중을 측정하시오.

❸ 반죽온도는 **23℃**를 표준으로 하시오.

❹ 시퐁팬을 사용하여 반죽을 분할하고 구우시오.

❺ 반죽은 **전량**을 사용하여 성형하시오.

제품 평가 기준

☐ **부피** : 4개 제품의 틀 위로 부푼 비율이 알맞고 균일해야 하며 탄력이 있어야 한다. 또한, 반죽이 꺼지거나 넘치지 않아야 한다.

☐ **외부균형** : 모양이 찌그러지지 않고 전체적으로 균형 잡힌 대칭을 이루어야 한다.

☐ **껍질** : 부드럽고 두껍지 않으며 전체적으로 고른 황갈색을 띠고 반점 및 큰 기포가 없어야 한다.

☐ **내상** : 밝은색을 띠고, 기공과 조직의 크기가 고르며, 섞이지 않은 재료 덩어리가 없어야 한다.

☐ **맛과 향** : 끈적거리지 않고 부드러운 식감이며, 탄 냄새 및 생 재료 맛이 없어야 한다.

제조공정

1. 재료 계량 : 8분

가. 8분 이내에 재료 손실 없이 정확하게 계량한다.

2. 전처리 작업

가. 가루재료(박력분, 베이킹파우더)를 혼합하여 체에 내려 준비한다.

나. 분무기를 이용하여 시퐁팬 내부에 물을 듬뿍 뿌린 후 틀을 엎어 물기가 적당히 빠지도록 한다.

3. 반죽 : 시퐁법, 최종반죽온도 23℃, 비중 0.45±0.05

가. 달걀의 노른자와 흰자를 섞이지 않도록 주의하며 분리한다.

나. 볼에 달걀노른자를 넣고 거품기로 풀어준 후 식용유, 물, 설탕과 소금을 순차적으로 넣고 섞는다.

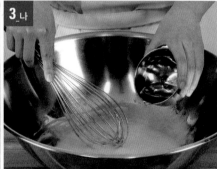

다. 미리 체에 내린 가루재료(박력분, 베이킹 파우더)를 넣고 덩어리지지 않도록 잘 섞는다.

라. 믹싱볼에 달걀흰자를 넣고 60% 정도(전체적으로 흰자 거품이 뽀얗게 올라온 상태) 믹싱한 후 설탕을 3번에 걸쳐 나눠 넣으며 계속하여 고속으로 믹싱하여 80~90% 상태의 머랭(거품기에 매달린 반죽의 끝이 새의 부리처럼 살짝 휘는 상태)을 완성한다.

마. (다)의 달걀노른자 반죽에 (라)의 머랭을 3번에 나누어 넣고 가볍고 빠르게 섞는다.

바. 반죽의 온도와 비중을 측정한다.

4_ 팬닝

가. 미리 준비해 둔 팬에 완성된 반죽을 70% 높이로 채운 다음 나무젓가락으로 저어주며 팬 바닥에 공기가 생기지 않고 반죽이 고루 채워지도록 한다.

5_ 굽기 : 윗불 180℃ 아랫불 160℃, 시간 약 25~30분

가. 제품의 구워진 상태에 따라 온도를 조절하고, 색이 나면 팬을 돌려가며 균일한 황갈색이 나도록 굽는다.

6_ 냉각

가. 완성된 케이크를 틀째 뒤집어 냉각한다.

나. 냉각이 완료된 후 반죽 윗면의 가장자리와 기둥 쪽의 반죽을 손으로 눌러 틀에서 떼어내고 틀을 다시 뒤집어 기둥을 눌러주어 반죽을 분리한다.

TIP

＊ 팬에 뿌려진 물이 반죽을 굽는 과정에서 수증기로 변화하여 반죽을 위로 밀어주면서 반죽의 윗면이 주저 앉는 것을 막아준다.

＊ 뒤집어 냉각시켜야 윗면이 찌그러지지 않고 틀이 깨끗이 분리된다. 빠르게 냉각해야 할 경우 젖은 수건을 덮어둔다.

시트러스 보틀 케이크
Citrus Bottle Cake

시퐁 케이크는 부드럽고 특유의 향이 있어 과일과 함께 먹으면 풍미를 살릴 수 있습니다.

재료

유리병 4개(약 400ml 정도 사이즈)
완성된 시퐁 케이크 1개
생크림 150g
휘핑크림 350g
시럽(물 100g + 설탕 50g + 럼주 20g)
각종 시트러스 계열의 과일
(자몽, 청귤, 오렌지, 레몬, 유자 등)

1. 냄비에 물과 설탕을 넣고 중불에서 설탕이 녹을 때까지 끓인다.

2. (1)의 시럽이 식으면 럼을 넣고 풍미를 더해준다.

3. 볼에 생크림과 휘핑크림을 섞어 100% 휘핑한다(생크림이 무설탕일 경우 10%의 설탕을 추가하여 휘핑한다).

4. 시퐁 케이크를 빵칼을 이용하여 1cm 두께의 큐브 모양으로 재단한다.

5. 케이크 시트에 시럽을 촉촉하게 발라준 다음 짤주머니에 생크림을 담아 크림을 1cm 정도 채운 후 잘게 썬 과일을 올린다. 이 과정을 한 번 더 반복한다.

6. 세 번째 시트를 올리고 시럽을 바른 후 그 위에 크림을 컵보다 조금 올라오도록 가득 짜주고 스크래퍼로 평평하게 긁는다.

7. 과일로 장식한다.

젤리롤 케이크
◉ Jelly Roll Cake ◉

시험시간	1시간 30분
공정법	거품법(공립법)
생산량	둥글게 만 원통형 1개
준비물	평철판, 볼, 주걱, 체, 긴 밀대, 붓, 젓가락, 스패츌러, 온도계, 비중컵, 면포, 위생지, 분무기, 거품기, 스크래퍼, 가위, 저울, 버너, 짤주머니

젤리롤 케이크는 공립법으로 만든 제품으로 스펀지 시트 사이에 잼을 채워 넣은 롤 케이크 중 하나이다. 전형적인 롤 스펀지 케이크로 비스킷 룰라드(biscuit roulade), 스위트롤(sweet roll)이라고도 한다.

공립법은 달걀을 거품 낼 때 전란을 사용하는 공법으로 달걀을 흰자와 노른자로 분리하는 별립법에 비하여 공정이 간단하나 달걀의 거품이 쉽게 꺼질 수 있는 단점이 있다.

배합표

재료	비율(%)	무게(g)
박력분	100	400
설탕	130	520
달걀	170	680
소금	2	8
물엿	8	32
베이킹파우더	0.5	2
우유	20	80
바닐라향	1	4
계	431.5	1,726

▶ 충전물 (충전용 재료는 계량시간에서 제외)

재료	비율(%)	무게(g)
잼	50	200

요구사항

젤리롤 케이크를 제조하여 제출하시오.

❶ 배합표의 각 재료를 계량하여 재료별로 진열하시오(**8분**).
- 재료계량(재료당 1분) → [감독위원 계량확인] → 작품제조 및 정리정돈(전체시험 시간−재료계량시간)
- 재료계량 시간내에 계량을 완료하지 못하여 시간이 초과된 경우 및 계량을 잘못한 경우는 추가의 시간 부여 없이 작품제조 및 정리정돈 시간을 활용하여 요구사항의 무게대로 계량
- 달걀의 계량은 감독위원이 지정하는 개수로 계량

❷ 반죽은 **공립법**으로 제조하시오.

❸ 반죽온도는 **23℃**를 표준으로 하시오.

❹ 반죽의 **비중**을 측정하시오.

❺ 제시한 팬에 알맞도록 분할하시오.

❻ 반죽은 **전량**을 사용하여 성형하시오.

❼ **캐러멜 색소를 이용하여 무늬를 완성하시오**(무늬를 완성하지 않으면 제품 껍질 평가 0점 처리).

제품 평가 기준

☐ **부피** : 완성된 제품이 주저앉지 않고 적절한 부피를 형성하며 일정한 두께를 유지해야 한다.

☐ **외부균형** : 완성된 두께가 일정해야 하며 찌그러지지 않고 전체적으로 균형 잡힌 대칭을 이루는 원통형이어야 한다.

☐ **껍질** : 전체적으로 고른 황갈색을 띠고 반점 및 큰 기포가 없어야 하며, 껍질이 벗겨지지 않고, 캐러멜 무늬가 선명하고 균일하게 나타나야 한다.

☐ **내상** : 스펀지의 기공과 조직이 일정하며 말린 상태가 너무 눌리지 않고, 충전한 잼이 밖으로 흐르지 않아야 한다.

☐ **맛과 향** : 식감이 부드러우며, 잼을 많이 발라 너무 달지 않아야 하고, 끈적거리거나 탄 냄새가 나지 않아야 한다.

제조공정

1. 재료 계량 : 8분

가. 8분 이내에 재료 손실 없이 정확하게 계량한다.

2. 전처리 작업

가. 가루재료(박력분, 베이킹파우더, 바닐라향)는 혼합하여 체에 내려 준비한다.

나. 평철판에 위생지를 재단하여 깐다.

다. 우유는 40~60℃로 중탕하여 데운다.

3_ 반죽 : 거품법(공립법), 최종반죽온
도 23℃, 비중 0.45±0.05

가. 볼에 달걀을 넣고 멍울을 풀어준 후 설
탕, 소금, 물엿을 넣고 저속으로 휘핑하
여 녹인다. 이때 따뜻한 물로 중탕하여
반죽의 온도를 42~43℃까지 올린다.

나. 중속 및 고속으로 믹싱하여 반죽을 떨어
뜨릴 때 리본 모양의 자국이 남고 천천히
떨어지는 상태가 되면 중속 및 저속 순으
로 약 1분간 믹싱한다.

다. 믹싱 완료된 반죽에 미리 체에 쳐 둔 가
루재료를 넣고 가볍게 섞는다.

라. 반죽의 일부를 덜어 데운 우유를 섞은 후
본 반죽에 넣고 가볍고 빠르게 섞는다.

마. 반죽의 온도와 비중을 측정한다.

4_ 팬닝 및 무늬 내기 : 평철판 1개

가. 평철판에 무늬용 반죽을 남기고 채운다.

나. 표면을 스크래퍼로 평평하게 펴준 후 작업
대에 살짝 떨어뜨려 큰 기포를 제거한다.

다. 남은 반죽(60g)에 카러멜 색소(1~2ts)를
넣고 밤색을 만들어 짤주머니에 담는다.

라. (다) 반죽을 3cm 간격으로 지그재그로 짠
다음 무늬와 직각으로 젓가락을 이용하
여 저어주어 물결무늬를 만든다.

5_ 굽기 : 윗불 180℃ 아랫불 150℃,
시간 20분

6_ 냉각

가. 팬에서 바로 분리하여 살짝 냉각한다.

7_ 말기

가. 면포는 물에 적셔 꼭 짠 뒤 작업대 위에
평평하게 깐다.

나. 구워낸 시트의 무늬가 있는 면을 면포 바
닥으로 향하게 하여 뒤집고, 위생지에 물
을 바른 후 조심히 제거한다.

다. 스패츌러를 이용하여 잼을 얇게 바른다.

라. 시트를 말기 시작하는 부분에 1cm 간격
으로 2~3군데 가로로 길게 스패츌러로
자국을 낸다.

마. 긴 밀대를 면포의 밑에 넣고, 면포를 밀
대에 말아가며 둥근 원기둥형으로 케이
크를 단단하게 만든다. 마지막 부분에서 잠
시 눌러주어 롤이 풀리지 않도록 고정하
고, 면포를 바로 제거한다.

과일잼
Fruit Jam

딸기잼을 대신하여 다양한 과일잼으로 젤리롤의 계란 비린내를 제거하고 풍미를 돋울 수 있습니다.

딸기잼 재료

딸기 1kg, 설탕 650g

1. 딸기는 손질 후 으깬다.
2. 냄비에 으깬 딸기와 설탕을 넣고 센 불에서 걸쭉해질 때까지 끓인다.

사과잼 재료

사과 1kg
설탕 650g
계피가루 2g, 레몬 1개

1. 사과는 껍질을 벗기고 곱게 채 썬다.
2. (1)에 설탕을 넣고 버무려 준 후 10분 정도 둔다.
3. 냄비에 (2)를 넣고 센 불에서 끓이다가 90% 정도 끓으면 1개 분량의 레몬즙과 계피가루를 넣고 걸쭉해질 때까지 끓인다.

블루베리잼 재료

블루베리(냉동도 가능) 1kg
설탕 650g

1. 블루베리는 믹서에 간다.
2. 냄비에 (1)과 설탕을 넣고 센 불에서 걸쭉해질 때까지 끓인다.

TIP 맛있는 잼의 비율 : 잼을 만들 때에는 산, 펙틴, 당의 비율이 중요하다. 일반적으로 산 0.3%, 펙틴 1%, 당(설탕) 65%의 조건에서 잼이 가장 잘 만들어진다. 대부분의 과일에는 산과 펙틴이 함유되어 있기 때문에 당(설탕)의 비율을 잘 맞춰주면 된다.

소프트롤 케이크
◈ Soft Roll Cake ◈

시험시간	1시간 50분
공정법	거품법(별립법)
생산량	둥글게 만 원통형 1개
준비물	평철판, 젓가락, 체, 긴 밀대, 붓, 주걱, 스패츌러, 거품기, 볼, 온도계, 비중컵, 면포, 위생지, 분무기, 스크래퍼, 가위, 짤주머니

소프트롤 케이크는 별립법으로 만드는 제품으로 시트에 잼이나 크림, 가나슈 등을 충전하여 말아놓은 롤 케이크 중 하나이다. 전형적인 롤 스펀지 케이크로 비스킷 룰라드(biscuit roulade), 스위트롤(sweet roll)이라고도 한다.

별립법은 달걀을 거품 낼 때 달걀을 흰자와 노른자로 분리하여 각각 거품을 올린 다음 혼합하여 반죽하는 기법으로 공립법에 비해 실패할 확률이 낮은 기법이며, 기포가 단단하여 짤주머니로 짜서 굽는 제품에도 적합한 방법이다.

재료	비율(%)	무게(g)
박력분	100	250
설탕(A)	70	175(176)
물엿	10	25(26)
소금	1	2.5(2)
물	20	50
바닐라향	1	2.5(2)
설탕(B)	60	150
달걀	280	700
베이킹파우더	1	2.5(2)
식용유	50	125(126)
계	593	1,482.5(1,484)

▶ 충전물 (충전용 재료는 계량시간에서 제외)

재료	비율(%)	무게(g)
잼	80	200

요구사항

소프트롤 케이크를 제조하여 제출하시오.

❶ 배합표의 각 재료를 계량하여 재료별로 진열하시오(**10분**).
  • 재료계량(재료당 1분) → [감독위원 계량확인] → 작품제조 및 정리정돈(전체시험시간−재료계량시간)
  • 재료계량 시간내에 계량을 완료하지 못하여 시간이 초과된 경우 및 계량을 잘못한 경우는 추가의 시간 부여 없이 작품제조 및 정리정돈 시간을 활용하여 요구사항의 무게대로 계량
  • 달걀의 계량은 감독위원이 지정하는 개수로 계량

❷ 반죽은 **별립법**으로 제조하시오.

❸ 반죽온도는 **22℃**를 표준으로 하시오.

❹ 반죽의 **비중**을 측정하시오.

❺ 제시한 팬에 알맞도록 분할하시오.

❻ 반죽은 **전량**을 사용하여 성형하시오.

❼ 캐러멜 **색소를 이용하여 무늬**를 완성하시오(무늬를 완성하지 않으면 제품 껍질 평가 0점 처리).

제품 평가 기준

☐ **부피** : 완성된 제품이 주저앉지 않고 적절한 부피를 형성하고 일정한 두께를 유지해야 한다.
☐ **외부균형** : 완성된 두께가 일정해야 하며 찌그러지지 않으며 전체적으로 균형 잡힌 대칭을 이루는 원통형이어야 한다.
☐ **껍질** : 전체적으로 고른 황갈색을 띠고 반점 및 큰 기포가 없어야 하며, 껍질이 벗겨지지 않고, 캐러멜 무늬가 선명하고 균일하게 나타나야 한다.
☐ **내상** : 스펀지의 기공과 조직이 일정하며 말린 상태가 너무 눌리지 않고, 충전한 잼이 밖으로 흐르지 않아야 한다.
☐ **맛과 향** : 식감이 부드러우며, 잼을 많이 발라 너무 달지 않아야 하고, 끈적거리거나 탄 냄새가 나지 않아야 한다.

제조공정

1_ 재료 계량 : 10분
가. 충전물을 제외하고 10분 이내에 재료 손실 없이 정확하게 계량한다. 충전물은 반죽을 구울 동안 계량한다.

2_ 전처리 작업
가. 가루재료(박력분, 베이킹파우더, 바닐라향)는 혼합하여 체에 내려 준비한다.

나. 평철판에 위생지를 재단하여 깐다.

3_ **반죽** : 거품법(별립법), 최종반죽온도 22℃, 비중 0.45±0.05

가. 믹싱볼에 달걀의 흰자와 노른자를 분리한다.

나. 믹싱볼에 노른자를 넣고 거품기로 풀어준후 설탕(A), 소금, 물엿을 넣고 아이보리색을 띠면서 윤기가 나는 정도로 젓는다.

다. (나)의 반죽에 물을 조금씩 넣어가며 잘섞는다.

라. 믹싱볼에 달걀흰자를 넣고 60% 정도(전체적으로 흰자 거품이 뽀얗게 올라온상태) 믹싱한 후 설탕을 3번에 걸쳐 나눠 넣으며 계속하여 고속으로 믹싱하여80~90% 상태의 머랭(거품기에 매달린반죽의 끝이 새의 부리처럼 살짝 휘는 상태)을 완성한다.

마. (다)의 노른자 반죽에 (라)의 흰자 머랭 반죽 1/3을 넣고 섞는다.

바. 미리 체에 내린 가루재료(박력분, 베이킹파우더, 바닐라향)를 넣고 가볍게 섞은후 식용유를 넣고 바닥에 가라앉지 않도록 빠르고 가볍게 혼합한다.

사. 나머지 머랭을 두 번에 넣고 거품이 꺼지지 않도록 섞는다.

아. 반죽온도와 비중을 측정한다.

4_ **팬닝 및 무늬 내기** : 평철판 1개

가. 위생지를 깔아둔 평철판에 무늬용 반죽을 제외하고 채운다.

나. 반죽의 표면을 스크래퍼를 이용하여 평평하게 펴준 후 평철판을 작업대에 살짝떨어뜨려 큰 기포를 제거한다.

다. 남겨놓은 소량의 반죽(약 60g)에 캐러멜색소(1~2ts)를 넣고 진한 밤색이 되도록조절하여 혼합하고 짤주머니에 담는다.

라. 팬닝한 반죽에 색소를 섞어 놓은 반죽을3cm의 균일한 간격을 유지하며 지그재그로 짠 다음 무늬와 직각으로 젓가락을이용하여 저어주어 물결무늬를 만든다.

5_ **굽기** : 윗불 180℃ 아랫불 150℃,시간 20분

가. 제품의 구워진 상태에 따라 온도를 조절하고, 색이 나면 팬을 돌려가며 균일한황갈색이 나도록 굽는다.

6_ 냉각

가. 반죽을 팬에서 바로 분리하여 냉각한다. 소프트롤은 시트가 뜨거울 때 말면 부피가 작아지므로 완전히 식힌 후 롤을 만든다.

7_ 말기

가. 면포는 물에 적셔 꼭 짠 뒤 작업대 위에 평평하게 깐다. 면포가 없을 시 위생지에 기름을 발라주어 사용한다.

나. 구워낸 시트의 무늬가 있는 면을 면포 바닥으로 향하게 하여 뒤집고, 위생지 부분에 분무기 또는 붓을 이용하여 물을 바른 후 위생지를 조심히 제거한다.

다. 스패츌러를 이용하여 잼을 골고루 얇게 바른다.

라. 시트를 말기 시작하는 부분에 1cm 간격으로 2~3군데 가로로 길게 스패츌러로 자국을 낸다.

마. 긴 밀대를 면포의 밑에 넣고, 면포를 밀대에 말아가며 둥근 원기둥형으로 케이크를 단단하게 만든다. 마지막 부분에 잠시 눌러주어 롤이 풀리지 않도록 고정하고, 면포를 바로 제거한다.

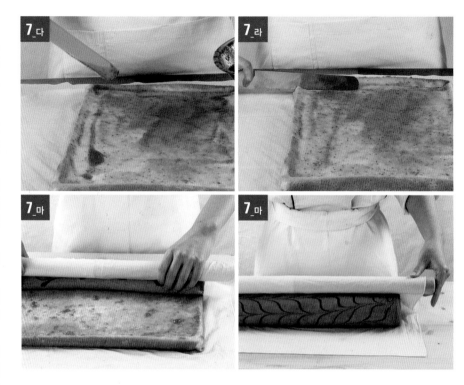

TIP

[롤 케이크 제조 시 주의사항]

＊ 반죽을 지나치게 구우면 롤을 말 때 반죽이 갈라지므로 주의한다.

＊ 롤을 만 후 면포를 바로 제거하지 않으면 케이크 껍질이 면포에 달라붙을 수 있다.

[롤 케이크별 주의사항]

＊ 젤리롤과 소프트롤은 젓가락은 2/3 정도 담근 채 저어주며, 무늬를 낸 후에 작업대에 내리치면 무늬가 흐트러지고 색소가 가라앉기 때문에 주의한다. 또한, 빠른 속도로 해주어야 반죽이 가라앉지 않는다.

＊ 젤리롤은 시트가 뜨거울 때 말면 부피가 작아지고, 완전히 식힌 후 말면 표면이 갈라질 수 있으므로 뜨거움이 약간 가신 후 롤을 만든다.

＊ 소프트롤은 반죽이 완전히 식은 후 말아야 부피가 주는 것을 막을 수 있다.

＊ 초코롤은 반죽이 완전히 식은 후 말아야 충전물이 녹는 것을 막을 수 있다.

＊ 초코롤의 가나슈크림은 너무 묽으면 흐를 수 있고 너무 되직하면 충전하기 어려움이 있으므로, 농도조절에 유의한다.

과일 롤 케이크
Fruit Roll Cake

소프트롤 케이크는 식감이 부드러워 생크림 롤 케이크로
응용하면 훌륭한 판매용 케이크로 이용 가능합니다.

재료

생크림 500g
설탕 70g
럼 10g
연유 50g
청포도 200g
청귤 3개
블루베리 50g
캠벨포도 100g
(과일은 제철에 나오는 어떤 과일도 가능)

1. 생크림은 30% 휘핑을 올린 후 설탕을 조금씩 넣고 90%로 휘핑한다.

2. (1)에 럼, 연유를 넣고 휘핑한다.

3. 청포도, 블루베리, 캠벨포도, 청귤 등 준비한 과일은 1~1.5cm 정도의 큐브로 썰어 준비한다.

4. 완성된 스펀지 시트에 (2)의 생크림을 발라준 후 과일을 올려 말아준 후 잠시 고정을 시킨다.

5. 말아놓은 롤 케이크 위에 생크림을 바르고 썰어놓은 토핑용 과일을 올려준다.

호화&노화이야기

1. 호화

생전분에 물을 넣고 열을 가열하면 단단했던 β-전분이 익어 부드럽고 점성이 있는 α-전분이 되는 현상을 호화라고 한다. 생전분에 물을 넣으면 흡수와 팽윤이 서서히 진행이 되고 60~65℃의 열을 가해 주면 전분의 입자는 급격히 팽윤하며, 더 높은 열을 가열해 주면 전분용액의 점성과 투명도가 증가하면서 반투명의 콜로이드 상태가 된다.

우리가 일반적으로 밥을 짓거나 고구마, 감자를 찌고, 밀가루를 이용하여 빵을 만드는 것 등이 호화과정에 속한다. 호화는 전분의 입자가 클수록, 수침시간이 길수록, 가열온도가 높을수록 잘 이루어진다.

2. 노화

호화된 전분을 상온에 방치해 두면 전분입자가 단단해지고 불투명해 지면서 흐트러졌던 전분의 구조가 다시 규칙적인 구조로 재배열되면서 생전분의 구조와 같은 물질로 변하는 현상을 전분의 노화라고 한다. 밥이나 빵이 시간이 지나 굳거나 단단해지는 경우가 이에 해당한다. 노화를 방지하기 위해서는 급냉동 및 탈수, 설탕 및 유지 첨가, 유화제 첨가, 수분함량과 온도를 높이는 방법 등이 있다.

초코롤 케이크
● Chocolate Roll Cake ●

시험시간	1시간 50분
공정법	거품법(공립법)
생산량	둥글게 만 원통형 1개
준비물	평철판, 볼, 스패츌러, 체, 긴 밀대, 붓, 주걱, 온도계, 비중컵, 면포, 위생지, 분무기, 거품기, 스크래퍼, 가위, 저울, 버너

초코롤 케이크는 공립법으로 만든 제품으로 스펀지 시트에 코코아파우더를 첨가하여 반죽한 롤 케이크 중 하나이다. 또한, 충전용 크림으로 가나슈를 첨가하는 것이 특징이다.

재료	비율(%)	무게(g)
박력분	100	168
달걀	285	480
설탕	128	216
코코아파우더	21	36
베이킹소다	1	2
물	7	12
우유	17	30
계	559	944

▶ 충전물 (충전용 재료는 계량시간에서 제외)

재료	비율(%)	무게(g)
다크커버츄어	119	200
생크림	119	200
럼	12	20

요구사항

초코롤 케이크를 제조하여 제출하시오.

❶ 배합표의 각 재료를 계량하여 재료별로 진열하시오(7분).
　• 재료계량(재료당 1분) → [감독위원 계량확인] → 작품제조 및 정리정돈(전체시험시간-재료계량시간)
　• 재료계량 시간내에 계량을 완료하지 못하여 시간이 초과된 경우 및 계량을 잘못한 경우는 추가의 시간 부여 없이 작품제조 및 정리정돈 시간을 활용하여 요구사항의 무게대로 계량
　• 달걀의 계량은 감독위원이 지정하는 개수로 계량

❷ 반죽은 **공립법**으로 제조하시오.

❸ 반죽온도는 **24℃**를 표준으로 하시오.

❹ 반죽의 **비중**을 측정하시오.

❺ 제시한 철판에 알맞도록 팬닝하시오.

❻ 반죽은 **전량**을 사용하시오.

❼ 충전용 재료는 **가나슈**를 만들어 제품에 전량 사용하시오.

❽ 시트를 구운 윗면에 가나슈를 바르고, 원형이 잘 유지되도록 말아 제품을 완성하시오(반대 방향으로 롤을 말면 성형 및 제품평가 해당항목 감점).

제품 평가 기준

☐ **부피** : 완성된 제품이 주저앉지 않고 적절한 부피를 형성하고 일정한 두께를 유지해야 한다.

☐ **외부균형** : 완성된 두께가 일정해야 하며 찌그러지지 않으며 전체적으로 균형 잡힌 대칭을 이루는 원통형이어야 한다.

☐ **껍질** : 전체적으로 색이 고르고 반점 및 큰 기포가 없어야 하며, 껍질이 벗겨지지 않아야 한다.

☐ **내상** : 스펀지의 기공과 조직이 일정하며 말린 상태가 너무 눌리지 않고, 충전한 가나슈가 밖으로 흐르지 않아야 한다.

☐ **맛과 향** : 식감이 부드러우며, 끈적거리거나 탄냄새가 나지 않아야 하며, 초콜릿 특유의 맛과 향이 나야 한다.

제조공정

1_ 재료 계량 : 7분
가. 7분 이내에 재료 손실 없이 정확하게 계량한다.

2_ 전처리 작업
가. 가루재료(박력분, 코코아파우더, 베이킹소다)는 혼합하여 체에 내려 준비한다.
나. 평철판에 위생지를 재단하여 깐다.

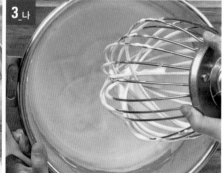

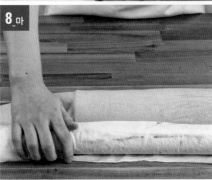

다. 우유와 물은 40~60℃로 중탕하여 데운다.

3_ 반죽 : 거품법(공립법), 최종반죽온도 24℃, 비중 0.45±0.05

가. 볼에 달걀을 넣고 멍울을 풀어준 후 설탕을 넣고 저속으로 휘핑하여 녹인다. 이때 따뜻한 물로 중탕하여 반죽의 온도를 42~43℃까지 올린다.

나. 중속 및 고속으로 믹싱하여 반죽을 떨어뜨릴 때 리본 모양의 자국이 남고 천천히 떨어지는 상태가 되면 중속 및 저속 순으로 약 1분간 믹싱한다.

다. 체 친 가루재료를 넣고 가볍게 섞는다.

라. 반죽의 일부를 덜어 데운 우유와 물을 섞은 후 본 반죽에 넣고 가볍고 빠르게 섞는다.

마. 반죽의 온도와 비중을 측정한다.

4_ 팬닝 : 평철판 1개

가. 평철판에 완성된 반죽을 채운다.

나. 표면을 스크래퍼로 펴준 후 작업대에 살짝 떨어뜨려 큰 기포를 제거한다.

5_ 굽기 : 윗불 180℃ 아랫불 150℃, 시간 20분

가. 코코아파우더로 인해 구워진 정도를 확인하기 어려우므로 꼬치로 반죽을 찔러 묻어나지 않을 때까지 굽는다.

6_ 가나슈 충전물 제조

가. 생크림을 끓여 작게 다진 초콜릿을 넣고 가볍게 저어 녹인 후 럼을 넣고 섞는다.

7_ 냉각

가. 팬에서 바로 분리하여 완전히 냉각한다.

8_ 말기

가. 면포는 물에 적셔 꼭 짠 뒤 작업대 위에 평평하게 깐다.

나. 구워낸 시트는 뒤집어 위생지를 제거한 후 면포 위에 엎어 구워낸 시트의 윗면이 위로 오도록 한다.

다. 스패츌러로 가나슈를 골고루 바른다.

라. 시트를 말기 시작하는 부분에 1cm 간격으로 2~3군데 가로로 길게 스패츌러로 자국을 낸다.

마. 긴 밀대를 면포의 밑에 넣고, 면포를 밀대에 말아가며 둥근 원기둥형으로 케이크를 단단하게 만다. 마지막 부분에 잠시 눌러주어 롤이 풀리지 않도록 고정하고, 면포를 바로 제거한다.

TIP

✳ 반죽을 지나치게 구우면 롤을 말 때 반죽이 갈라지므로 주의한다.

✳ 반죽이 완전히 식은 후 말아야 충전물이 녹는 것을 막을 수 있다.

✳ 가나슈크림은 너무 묽으면 흐를 수 있고 너무 되직하면 충전하기 어려움이 있으므로, 농도조절에 유의한다.

부쉬 드 노엘
Buche de Noel

초코롤 케이크는 초코버터크림을 거칠게 발라 크리스마스 대표 케이크인 부쉬 드 노엘로 응용하여 판매용 제품으로 이용 가능합니다.

재료

완성된 초코롤 케이크 1개
버터 500g
스위트 초콜릿 200g
설탕 150g
달걀흰자 125g
럼주 20g

1. 실온에 둔 버터를 믹싱볼에 담고 거품기로 부드럽게 풀어준 후 중탕으로 녹인 초콜릿을 섞는다.

2. 달걀흰자에 설탕을 넣고 머랭을 만든다.

3. (1)과 (2)를 섞어 초코버터크림을 만든다.

4. 완성된 초코롤의 가장 자리는 깔끔하게 잘라준 후 겉면에 (3)의 초코버터크림을 발라 나무결 모양을 낸다.

5. 크리스마스 장식품으로 크리스마스 분위기를 연출해준다.

흑미롤 케이크

공립법

◉ Black Rice Roll Cake ◉

시험시간	1시간 50분
공정법	거품법(공립법)
생산량	둥글게 만 원통형 1개
준비물	평철판, 볼, 스패츌러, 체, 긴 밀대, 붓, 주걱, 온도계, 비중컵, 면포, 위생지, 분무기

흑미롤 케이크는 검정 쌀가루와 박력 쌀가루를 이용하여 만든 건강식 롤 케이크 중 하나이다. 밀가루가 아닌 검정 쌀가루와 박력 쌀가루를 이용하였기에 특유의 고소한 풍미를 즐길 수 있으며, 생크림을 충전하여 부드러움이 한층 높아진 것이 특징이다.

재료	비율(%)	무게(g)
박력쌀가루	80	240
흑미쌀가루	20	60
설탕	100	300
달걀	155	465
소금	0.8	2.4(2)
베이킹파우더	0.8	2.4(2)
우유	60	180
계	416.6	1,249.8(1,249)

▶ 충전물 (충전용 재료는 계량시간에서 제외)

재료	비율(%)	무게(g)
생크림	60	150

요구사항

흑미롤 케이크(공립법)를 제조하여 제출하시오.

❶ 배합표의 각 재료를 계량하여 재료별로 진열하시오(**7분**).
- 재료계량(재료당 1분) → [감독위원 계량확인] → 작품제조 및 정리정돈(전체시험 시간−재료계량시간)
- 재료계량 시간내에 계량을 완료하지 못하여 시간이 초과된 경우 및 계량을 잘못한 경우는 추가의 시간 부여 없이 작품제조 및 정리정돈 시간을 활용하여 요구사항의 무게대로 계량
- 달걀의 계량은 감독위원이 지정하는 개수로 계량

❷ 반죽은 **공립법**으로 제조하시오.

❸ 반죽온도는 **25℃**를 표준으로 하시오.

❹ 반죽의 **비중**을 측정하시오.

❺ 제시한 팬에 알맞도록 분할하시오.

❻ 반죽은 전량을 사용하여 성형하시오.
(시트의 밑면이 윗면이 되게 정형하시오)

제품 평가 기준

☐ **부피** : 완성된 제품이 주저앉지 않고 적절한 부피를 형성하고 일정한 두께를 유지해야 한다.

☐ **외부균형** : 완성된 두께가 일정해야 하며 찌그러지지 않으며 전체적으로 균형 잡힌 대칭을 이루는 원통형이어야 한다.

☐ **껍질** : 전체적으로 색이 고르고 반점 및 큰 기포가 없어야 하며, 껍질이 벗겨지지 않아야 한다.

☐ **내상** : 스펀지의 기공과 조직이 일정하며 말린 상태가 너무 눌리지 않고, 충전한 생크림이 밖으로 흐르지 않아야 한다.

☐ **맛과 향** : 식감이 부드러우며, 끈적거리거나 탄 냄새가 나지 않아야 하며, 쌀가루 특유의 맛과 향이 나고 충전물과 조화를 이루어야 한다.

제조공정

1_ 재료 계량 : 7분

가. 7분 이내에 재료 손실 없이 정확하게 계량한다.

2_ 전처리 작업

가. 가루재료(박력쌀가루, 흑미쌀가루, 베이킹파우더)를 혼합하여 체에 내려 준비한다.

나. 평철판에 위생지를 재단하여 간다.

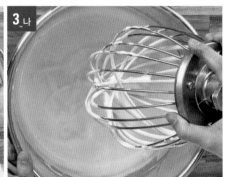

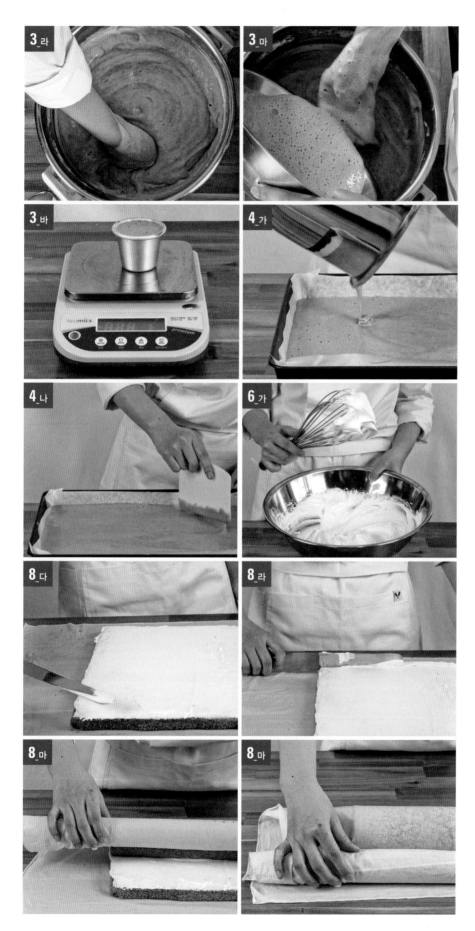

다. 우유는 40~60℃로 중탕하여 데운다.

3_ 반죽 : 거품법(공립법), 최종반죽온도 25℃, 비중 0.45±0.05

가. 믹싱볼에 달걀을 넣고 멍울을 풀어준 후 설탕, 소금을 넣고 저속으로 휘핑하여 녹인다. 이때 따뜻한 물로 중탕하여 반죽의 온도를 42~43℃까지 올린다.

나. 중속 및 고속으로 믹싱하여 반죽을 떨어 뜨릴 때 리본 모양의 자국이 남고 천천히 떨어지는 상태로 만든다.

다. 기포를 균일하게 만들어주기 위하여 중속 및 저속 순으로 잠시 믹싱한다.

라. 체 친 가루재료를 넣고 가볍게 섞는다.

마. 반죽의 일부를 덜어 데운 우유를 섞은 후 본 반죽에 넣고 가볍고 빠르게 섞는다.

바. 반죽의 온도와 비중을 측정한다.

4_ 팬닝 : 평철판 1개

가. 평철판에 완성된 반죽을 채운다.

나. 표면을 스크래퍼로 펴준 후 작업대에 살짝 떨어뜨려 큰 기포를 제거한다.

5_ 굽기 : 윗불 180℃ 아랫불 150℃, 시간 20분

가. 제품의 구워진 상태에 따라 온도를 조절하고, 색이 나면 팬을 돌려가며 균일한 황갈색이 나도록 굽는다.

6_ 충전용 생크림 제조

가. 충전용 생크림을 100% 상태로 휘핑한다.

7_ 냉각

가. 팬에서 바로 분리하여 완전히 냉각한다.

8_ 말기

가. 면포는 물에 적셔 꼭 짠 뒤 작업대 위에 평평하게 깐다.

나. 구워낸 시트의 윗면을 면포 바닥으로 향하게 하여 뒤집고, 위생지에 물을 바른 후 조심히 제거한다.

다. 반죽을 다시 뒤집은 후 스패츌러로 생크림을 골고루 바른다.

라. 시트를 말기 시작하는 부분에 1cm 간격으로 2~3군데 길게 자국을 낸다.

마. 긴 밀대를 면포의 밑에 넣고, 면포를 밀대에 말아가며 둥근 원기둥형으로 케이크를 단단하게 만든다. 마지막 부분에 잠시 눌러주어 롤이 풀리지 않도록 고정하고, 면포를 바로 제거한다.

앙크림 롤 케이크

Red Bean Cream Roll Cake

흑미롤 케이크는 쌀가루를 이용하여 팥앙금과 아주 좋은 조화를 이룹니다.

재료

완성된 흑미 스펀지 시트 1장
팥앙금 200g
생크림 400g
럼 10g
연유 50g
설탕 50g

1. 생크림에 설탕을 조금씩 넣고 90% 상태로 휘핑한다(휘퍼 끝에 매달린 생크림이 약간 휜 상태).

2. (1)에 럼, 연유, 팥앙금을 넣고 섞는다.

3. 흑미 스펀지 시트에 (2)를 바르고 동일하게 만다.

4. 짤주머니에 다양한 모양깍지를 넣고 앙크림을 담는다.

5. 완성된 롤 케이크 윗면에 앙크림으로 데코레이션한다.

치즈 케이크
◉ Cheese Cake ◉

시험시간	2시간 30분
공정법	거품법(별립법)
생산량	감독위원 개수 지정
준비물	평철판, 푸딩컵, 짤주머니, 붓, 체, 볼, 주걱, 거품기, 온도계, 비중컵, 위생지, 저울

치즈 케이크는 치즈와 우유가 풍부하게 첨가되어 영양가가 높은 케이크로, 치즈가 풍부한 유럽에서 예로부터 만들어 왔던 것으로 보이며, 미국으로 건너가 전 세계적인 인기를 얻었다.

만드는 방법에 따라 머랭을 넣고 반죽하여 중탕으로 익히는 수플레 치즈 케이크와 익히지 않고 냉동하여 굳히는 레어 치즈 케이크로 크게 분류할 수 있으며, 본 제품은 수플레 치즈 케이크의 일종으로 수증기를 이용하여 구워 더욱 촉촉하다.

배합표

재료	비율(%)	무게(g)
중력분	100	80
버터	100	80
설탕(A)	100	80
설탕(B)	100	80
달걀	300	240
크림치즈	500	400
우유	162.5	130
럼주	12.5	10
레몬주스	25	20
계	1,400	1,120

요구사항

치즈 케이크를 제조하여 제출하시오.

❶ 배합표의 각 재료를 계량하여 재료별로 진열하시오(**9분**).
- 재료계량(재료당 1분) → [감독위원 계량확인] → 작품제조 및 정리정돈(전체시험 시간–재료계량시간)
- 재료계량 시간내에 계량을 완료하지 못하여 시간이 초과된 경우 및 계량을 잘못한 경우는 추가의 시간 부여 없이 작품제조 및 정리정돈 시간을 활용하여 요구사항의 무게대로 계량
- 달걀의 계량은 감독위원이 지정하는 개수로 계량

❷ 반죽은 **별립법**으로 제조하시오.

❸ 반죽온도는 **20℃**를 표준으로 하시오.

❹ 반죽의 **비중**을 측정하시오.

❺ 제시한 팬에 알맞도록 분할하시오.

❻ 굽기는 **중탕**으로 하시오.

❼ 반죽은 **전량**을 사용하시오.

❽ 감독위원은 시험 전 주어진 팬을 감안하여 팬의 개수를 지정하여 공지한다.

제품 평가 기준

☐ **부피** : 푸딩컵 위로 부푼 비율이 알맞고 균일해야 하며, 반죽이 꺼지거나 넘치지 않아야 한다.
☐ **외부균형** : 모양이 찌그러지지 않고 전체적으로 균형 잡힌 대칭을 이루어야 한다.
☐ **껍질** : 부드럽고 두껍지 않으며 전체적으로 고른 색을 띠고 반점 및 큰 기포가 없어야 한다.
☐ **내상** : 밝은색을 띠고, 기공과 조직의 크기가 고르며, 섞이지 않은 재료 덩어리가 없어야 한다.
☐ **맛과 향** : 끈적거리지 않고 촉촉하고 부드러운 식감이며, 탄 냄새 및 생 재료 맛이 없어야 한다.

제조공정

1_ 재료 계량 : 9분
가. 9분 이내에 재료 손실 없이 정확하게 계량한다.

2_ 전처리 작업
가. 가루재료(중력분)를 체에 내려 준비한다.
나. 푸딩컵에 붓을 이용하여 쇼트닝(분량 외)을 얇게 바른 다음 설탕을 담았다 바닥에 두들겨 털어낸다.

3_ 반죽 : 거품법(별립법), 최종반죽온도 20℃, 비중 0.70±0.05
가. 달걀의 노른자와 흰자를 분리한다.
나. 버터와 크림치즈를 거품기로 부드럽게 풀어준 후 혼합한다.
다. (나)에 설탕(A), 달걀노른자, 우유, 럼주, 레몬주스를 순차적으로 넣고 덩어리가

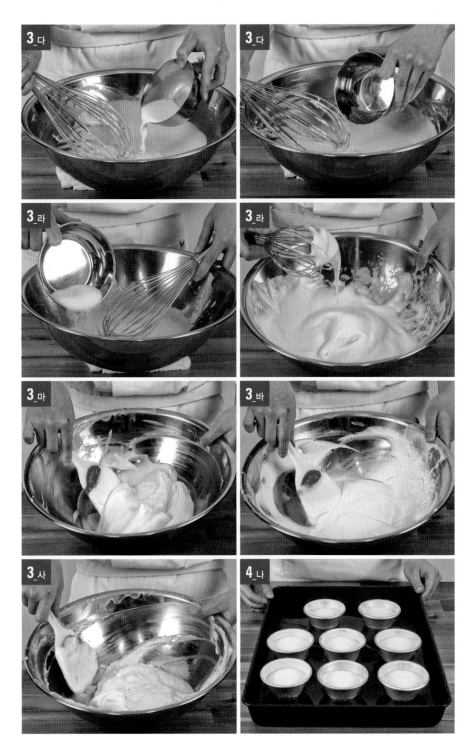

없도록 잘 섞는다.

라. 믹싱볼에 달걀흰자를 넣고 60% 정도(전
체적으로 흰자 거품이 뽀얗게 올라온 상
태)로 믹싱한 후 설탕을 3번에 걸쳐 나
눠 넣으며 계속하여 고속으로 믹싱하여
70~80% 상태의 머랭(거품기에 매달린
반죽의 끝이 새의 부리처럼 휘나 힘없이
흔들리는 상태)을 완성한다.

마. (다)의 달걀노른자 반죽에 (라)의 머랭을
1/3 분량 넣고 주걱을 이용하여 섞는다.

바. 미리 체에 쳐 둔 가루재료(중력분)를 넣
고 가볍게 섞는다.

사. 나머지 머랭을 두 번에 나누어 넣고 가볍
고 빠르게 섞는다.

아. 반죽의 온도와 비중을 측정한다.

4_ 팬닝 : 감독위원이 개수 지정

가. 짤주머니에 완성된 반죽을 담는다.

나. 푸딩컵에 완성된 반죽을 80% 높이로 채
운다.

다. 큰 기포를 제거하기 위하여 작업대에 푸
딩컵을 한두 번 살짝 두들긴 후 평철판에
담는다.

5_ 굽기 : 윗불 200℃→150℃ 아랫
불 150℃, 시간 40~50분

가. 오븐 앞에서 푸딩컵을 담은 평철판에
1cm 정도의 높이로 따뜻한 물을 부은 후
굽는다.

나. 반죽 윗면에 색이 나면 윗불을 낮게 조절
하여 굽는다.

6_ 냉각

가. 오븐에서 꺼낸 후 냉각한다.

나. 냉각 후 유산지 위에 컵을 뒤집어 올린
다음 컵과 분리한다.

🍞**TIP**

＊ 약간의 노른자로도 머랭의 형성이 방해될 수 있으므로 달걀을 분리할 때 흰자와 노른자가 서로 섞이지
않도록 주의한다.

＊ 머랭을 만들 볼과 거품기 등의 도구들은 머랭의 형성을 방해하는 이물질, 수분, 유분 등이 남아 있지 않
도록 유의하여 준비한다.

오레오 치즈 케이크
Oreo Cheese Cake

치즈 케이크는 기호에 따라 느끼할 수 있는데 초코쿠키를 넣어 과도한 느끼함을 줄일 수 있습니다.

재료

치즈 케이크 반죽(전량)
오레오쿠키 10개(샌드용 크림 제거한 것)

1. 방법은 치즈 케이크 만드는 방법과 동일하며, 팬닝 과정부터 차이가 있다.

2. 준비된 틀 바닥에 부셔놓은 오레오쿠키를 담는다.

3. (2)의 틀에 완성된 치즈 케이크 반죽을 80% 높이로 채운 후 살짝 부셔놓은 오레오쿠키를 뿌려준다.

4. 윗불 200℃ 아랫불 150℃로 예열된 오븐에서 중탕으로 40~50분간 구워준다.

5. 완전히 식은 후 틀과 분리한다.

파운드 케이크
◉ Pound Cake ◉

시험시간	2시간 30분
공정법	크림법
생산량	파운드틀 4개
준비물	평철판, 파운드틀, 붓, 위생지, 체, 볼, 주걱, 거품기, 온도계, 비중컵, 가위, 칼, 스패츌러, 저울

파운드 케이크는 버터, 설탕, 달걀, 밀가루를 1파운드(454g)씩 혼합하여 만든 영국의 대표적인 케이크이다.

파운드 케이크는 대표적인 크림법 공정의 케이크로 거품법으로 만드는 케이크에 비하여 유지의 비율이 매우 높아 무거운 식감과 진한 풍미를 가지고 있다.

파운드 케이크는 제조한 당일에 먹는 것보다 하루 정도 냉동 후 해동하여 먹어야 수분이 고루 퍼져 더욱 맛있게 먹을 수 있다.

배합표

재료	비율(%)	무게(g)
박력분	100	800
설탕	80	640
버터	80	640
유화제	2	16
소금	1	8
탈지분유	2	16
바닐라향	0.5	4
베이킹파우더	2	16
달걀	80	640
계	347.5	2,780

요구사항

파운드 케이크를 제조하여 제출하시오.

❶ 배합표의 각 재료를 계량하여 재료별로 진열하시오(**9분**).
  - 재료계량(재료당 1분) → [감독위원 계량확인] → 작품제조 및 정리정돈(전체시험 시간−재료계량시간)
  - 재료계량 시간내에 계량을 완료하지 못하여 시간이 초과된 경우 및 계량을 잘못한 경우는 추가의 시간 부여 없이 작품제조 및 정리정돈 시간을 활용하여 요구사항의 무게대로 계량
  - 달걀의 계량은 감독위원이 지정하는 개수로 계량

❷ 반죽은 **크림법**으로 제조하시오.
❸ 반죽온도는 **23℃**를 표준으로 하시오.
❹ 반죽의 **비중**을 측정하시오.
❺ **윗면을 터뜨리는 제품**을 만드시오.
❻ 반죽은 **전량**을 사용하여 성형하시오.

제품 평가 기준

☐ **부피** : 4개 제품의 틀 위로 부푼 비율이 알맞고 균일해야 하며, 반죽이 꺼지거나 넘치지 않아야 한다.
☐ **외부균형** : 중앙이 솟은 모양으로, 모양이 찌그러지지 않고 전체적으로 균형 잡힌 대칭을 이루어야 한다.
☐ **껍질** : 껍질 중앙이 일자로 고르게 터지고, 부드럽고 두껍지 않으며 전체적으로 고른 황갈색을 띠고 반점 및 큰 기포가 없어야 한다.
☐ **내상** : 밝은 노란색을 띠고, 기공과 조직의 크기가 고르며, 섞이지 않은 재료 덩어리가 없어야 한다.
☐ **맛과 향** : 끈적거리지 않고 부드러운 식감이며, 탄 냄새 및 생 재료 맛이 없어야 한다.

제조공정

1_ 재료 계량 : 9분

가. 9분 이내에 재료 손실 없이 정확하게 계량한다.

2_ 전처리 작업

가. 가루재료(박력분, 탈지분유, 바닐라향, 베이킹파우더)를 혼합하여 체에 내려 준비한다.

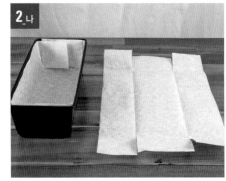

나. 파운드틀에 맞게 위생지를 재단하여 깐다.

3_ 반죽 : 크림법, 최종반죽온도 23℃,
비중 0.80±0.05

가. 믹싱볼에 버터를 넣고 부드럽게 풀어준
후 설탕과 소금, 유화제를 넣고 믹싱한다.

나. 달걀을 풀어 3번 이상 나누어 넣고 중속
또는 고속의 속도로 믹싱하여 부드러운
상태로 만든다.

다. 미리 체에 내린 가루재료(박력분, 탈지분
유, 바닐라향, 베이킹파우더)를 넣고 U자
로 가볍게 섞는다.

라. 반죽의 온도와 비중을 측정한다.

4_ 팬닝 : 파운드틀 4개

가. 위생지를 깔아둔 팬에 완성된 반죽을
70% 높이로 채운다.

나. 고무주걱으로 팬 바닥에 반죽이 잘 퍼지
도록 해주고,반죽의 표면을 고르게 펴 준
다음, 중앙을 옴폭하게 하면서 틀의 양
끝으로 끌어올려 U자 형태를 만든다.

5_ 굽기

가. 윗불 200℃ 아랫불 170℃, 시간 약
10~15분간 구워 표면에 약간 색이 나
며 막이 형성되도록 한다.

나. 막이 형성되면 식용유(분량 외)를 바른
커터칼 또는 스패츌러를 이용하여 틀의
위아래 1cm를 남기고 반죽 표면을 세로
로 길게 긋는다.

다. 온도를 변경하여 윗불 180℃ 아랫불
170℃, 시간 약 30~35분 더 구워 케이
크를 완벽하게 익힌다. 이때 사진과 같이
팬닝하여 껍질이 균일하게 색이 나도록
한다.

6_ 냉각

가. 오븐에서 꺼낸 팬을 작업대에 살짝 떨어
뜨린 후 반죽을 분리하여 냉각하고 위생
지를 제거한다.

마블 파운드 케이크
Marble Pound Cake

파운드 케이크는 초코 반죽을 섞어 간단하게 응용하는 과정을 통해 판매 가치를 높일 수 있습니다.

재료

완성된 파운드 케이크 반죽 700g
코코아파우더 40g

기본반죽

완성된 파운드 케이크 반죽 350g

코코아반죽

완성된 파운드 케이크 반죽 350g
코코아파우더 40g

1. 완성된 파운드 케이크 반죽 350g에 코코아파우더 40g을 섞는다.

2. 케이크 반죽을 각각 짤주머니에 담은 후 틀에 기본 반죽을 1/4 정도 깔아준다.

3. 그 위에 (1)의 코코아 반죽을 1/4 정도 깐 후 다시 기본 반죽을 1/4 정도 깔아준다(반복한다).

4. 나무젓가락을 이용하여 반죽을 가볍게 휘저어 준 후 U자 형태로 반죽을 팬닝한다.

5. 기본 공정과 동일한 방법으로 구워준다.

과일 케이크
● Fruit Cake ●

시험시간	2시간 30분
공정법	별립법
생산량	원형 3호팬(21cm) 또는 파운드틀 4개
준비물	원형 3호팬 또는 파운드틀, 위생지, 체, 볼, 주걱, 거품기, 온도계, 가위, 저울, 버너, 평철판

과일 케이크는 고대 로마인들이 추수가 잘 되길 기원하는 마음으로 고가의 재료인 과일과 견과류를 넣어 만들어 먹기 시작한 것이 그 유래로, 높은 영양성분과 칼로리로 에너지바로 이용되었다. 그 후 웨딩케이크와 같은 축제나 행사에 이용되는 케이크의 베이스로 사용되어왔으며, 오랫동안 보관하며 특별한 날을 기념하기 위해 먹어왔다.

재료	비율(%)	무게(g)
박력분	100	500
설탕	90	450
마가린	55	275(276)
달걀	100	500
우유	18	90
베이킹파우더	1	5(4)
소금	1.5	7.5(8)
건포도	15	75(76)
체리	30	150
호두	20	100
오렌지필	13	65(66)
럼주	16	80
바닐라향	0.4	2
계	459.9	2,299.5 (2,300~2,302)

요구사항

과일 케이크를 제조하여 제출하시오.

❶ 배합표의 각 재료를 계량하여 재료별로 진열하시오(13분).
- 재료계량(재료당 1분) → [감독위원 계량확인] → 작품제조 및 정리정돈(전체시험 시간-재료계량시간)
- 재료계량 시간내에 계량을 완료하지 못하여 시간이 초과된 경우 및 계량을 잘못한 경우는 추가의 시간 부여 없이 작품제조 및 정리정돈 시간을 활용하여 요구사항의 무게대로 계량
- 달걀의 계량은 감독위원이 지정하는 개수로 계량

❷ 반죽은 **별립법**으로 제조하시오.
❸ 반죽온도는 **23℃**를 표준으로 하시오.
❹ 제시한 팬에 알맞도록 분할하시오.
❺ 반죽은 **전량**을 사용하여 성형하시오.

제품 평가 기준

☐ **부피** : 4개 제품의 틀 위로 부푼 비율이 알맞고 균일해야 하며, 반죽이 꺼지거나 넘치지 않아야 한다.
☐ **외부균형** : 모양이 찌그러지지 않고 중앙이 조금 솟아 있는 모양으로, 전체적으로 균형 잡힌 대칭을 이루어야 한다.
☐ **껍질** : 부드럽고 두껍지 않으며 전체적으로 고른 황갈색을 띠고 반점 및 큰 기포가 없어야 한다.
☐ **내상** : 밝은색을 띠고, 기공과 조직의 크기가 고르며, 충전물이 골고루 분포되어 있고, 섞이지 않은 재료 덩어리가 없어야 한다.
☐ **맛과 향** : 끈적거리지 않고 부드러운 식감으로, 과일의 맛과 향이 조화롭게 어우러지며, 탄 냄새 및 생 재료 맛이 없어야 한다.

1_ 재료 계량 : 13분

가. 13분 이내에 재료 손실 없이 정확하게 계량한다.

2_ 전처리 작업

가. 케이크틀에 위생지를 재단하여 깐다.

나. 가루재료(박력분, 베이킹파우더, 바닐라향)를 혼합하여 체에 내려 준비한다.

다. 호두의 비린내를 제거하기 위해 오븐에 잠시 구운 후 잘게 썬다.

라. 체리를 4등분하고 오렌지필, 건포도와 섞어 럼주에 5분 정도 담가 놓은 후 체에 걸러 수분을 제거한다.

3_ 반죽 : 별립법, 최종반죽온도 23℃

가. 달걀을 흰자, 노른자로 섞이지 않도록 분리하여 준비한다.

나. 볼에 마가린을 넣고 부드럽게 풀어준 후 설탕 40%와 소금을 넣고 크림 상태로 믹싱한다.

다. 달걀노른자를 3번 이상 나누어 넣고 빠르게 믹싱하여 크림과 같이 부드러운 상태로 만든다.

라. 믹싱볼에 달걀흰자를 넣고 60% 정도(전체적으로 흰자 거품이 뽀얗게 올라온 상태) 믹싱한 후 나머지 설탕 60%를 3번에 걸쳐 나눠 넣으며 계속하여 고속으로 믹싱하여 90% 상태의 머랭(거품기에 매달린 반죽의 끝이 새의 부리처럼 살짝 휘는 상태)을 완성한다.

마. (다)의 마가린 반죽에 전처리해 둔 호두, 체리, 오렌지필, 건포도를 밀가루에 살짝 버무린 후 섞는다.

바. (마)의 반죽에 (라)의 머랭을 1/3 분량 넣고 섞는다.

사. 미리 체에 쳐 둔 가루재료(박력분, 베이킹파우더, 바닐라향)와 우유와 걸러둔 럼을 순서대로 넣고 가볍게 섞는다.

아. 나머지 머랭을 두 번에 나누어 넣고 가볍고 빠르게 섞는다.

자. 반죽의 온도를 측정한다.

4_ 팬닝 : 원형 3호팬(21cm) 또는 파운드틀 4개

가. 위생지를 깔아둔 팬에 완성된 반죽을 동일한 높이로 채운다.

나. 고무주걱으로 팬 바닥에 반죽이 잘 퍼지도록 해주고, 반죽의 표면을 고르게 편다.

5_ 굽기 : 윗불 180℃ 아랫불 160℃, 시간 35〜40분

가. 제품의 구워진 상태에 따라 온도를 조절하고, 색이 나면 팬을 돌려가며 균일한 황갈색이 나도록 굽는다.

6_ 냉각

가. 오븐에서 꺼낸 팬을 작업대에 살짝 떨어뜨린 후 반죽을 분리하여 냉각한 다음 위생지를 제거한다.

TIP

＊ 마가린 반죽에 과일을 섞기 전 과일의 럼주를 잘 털어내야 한다. 또한, 밀가루를 묻히지 않으면 충전물이 가라앉을 수 있다.

글라사주 과일 케이크
Glacage Fruit Cake

과일 케이크에 약간 새콤한 글리사주를 덮어 풍미를 높이고 시각적으로 판매 가치를 높일 수 있습니다.

재료

완성된 과일 케이크 1개
슈가파우더 400g
흰자 80g
레몬즙 약간
식용색소

1. 슈가파우더를 곱게 체에 내린다.

2. 체에 내린 슈가파우더를 볼에 담고 분량의 달걀흰자를 넣고 잘 섞어준다.

3. (2)에 레몬즙을 2~3방울 정도 넣어가며 농도 조절을 해준 후 식용색소를 넣고 원하는 색을 만든다.

4. 식힌 과일 케이크의 윗면에 글라사주를 코팅해준다.

베이킹소다와 베이킹파우더

빵과 과자를 부풀리기 위하여 이용하는 재료를 팽창제라고 하는데 제과에서는 화학팽창제를 자주 이용한다. 화학팽창제는 밀가루 반죽에 들어가 화학적으로 이산화탄소를 발생하게 하는 물질로서 베이킹소다(baking soda)와 베이킹파우더(baking powder)가 대표적이다.

베이킹소다는 탄산수소나트륨이라고 불리는 물질로, 20℃ 이상으로 가열하면 이산화탄소, 물, 탄산나트륨으로 분해되며 이때 생성된 탄산가스로 반죽을 부풀리게 된다. 하지만 베이킹소다는 씁쓸한 맛이 나고, 갈색 반점이 나타날 수 있어, 이를 방지하기 위하여 적정량을 사용하고, 산성 물질을 함께 첨가하여 쓴맛을 중화시키는 것이 좋다.

이러한 베이킹소다의 단점을 보완하기 위하여 만들어진 것이 베이킹파우더이다. 베이킹파우더는 탄산수소나트륨에 산성 물질과 전분을 혼합하여 만들어진다. 따라서 베이킹소다에 비하여 쓴맛이 덜하고, 제품의 착색이 덜하다.

브라우니
● Brownie ●

시험시간	1시간 50분
공정법	1단계 변형반죽법
생산량	원형 3호팬(21cm) 2개
준비물	평철판, 원형 3호팬, 체, 주걱, 거품기, 온도계, 위생지, 가위, 저울, 버너

브라우니는 초콜릿의 풍미가 진한 디저트로 부드러운 식감과 재료에 따라 촉촉하거나 쫀득하게 만들 수 있는 특징을 가지고 있다.
브라우니는 그 유래가 여러 가지이며 미국 메인 주에 살던 부인이 초코 케이크를 만들다가 베이킹파우더를 넣지 않아서 우연히 만들어졌다는 설과 스코틀랜드의 코코아 스콘이 미국으로 와서 변형되었다는 설이 있다.

배합표

재료	비율(%)	무게(g)
중력분	100	300
달걀	120	360
설탕	130	390
소금	2	6
버터	50	150
다크초콜릿(커버추어)	150	450
코코아파우더	10	30
바닐라향	2	6
호두	50	150
계	614	1,842

요구사항

브라우니를 제조하여 제출하시오.

❶ 배합표의 각 재료를 계량하여 재료별로 진열하시오(9분).
   - 재료계량(재료당 1분) → [감독위원 계량확인] → 작품제조 및 정리정돈(전체시험 시간−재료계량시간)
   - 재료계량 시간내에 계량을 완료하지 못하여 시간이 초과된 경우 및 계량을 잘못한 경우는 추가의 시간 부여 없이 작품제조 및 정리정돈 시간을 활용하여 요구사항의 무게대로 계량
   - 달걀의 계량은 감독위원이 지정하는 개수로 계량

❷ 브라우니는 **수작업**으로 반죽하시오.

❸ 버터와 초콜릿을 함께 녹여서 넣는 **1단계 변형반죽법**으로 하시오.

❹ 반죽온도는 **27℃**를 표준으로 하시오.

❺ 반죽은 전량을 사용하여 성형하시오.

❻ **3호 원형팬 2개**에 팬닝하시오.

❼ 호두의 반은 반죽에 사용하고 나머지 반은 **토핑**하며, 반죽 속과 윗면에 **골고루 분포**되게 하시오(**호두는 구워서 사용**).

제품 평가 기준

☐ **부피** : 구웠을 때 원형팬 위로 부풀어 오른 비율이 일정해야 한다.
☐ **외부균형** : 주저앉거나 찌그러짐이 없이 원형 그대로 균일하게 모양이 대칭을 이루어야 한다.
☐ **껍질** : 너무 두껍지 않고 부드러우며, 토핑한 호두가 골고루 분포되어 있어야 한다.
☐ **내상** : 기공과 조직이 크거나 조밀하지 않고 균일하며 딱딱하지 않고, 호두가 가라앉지 않고 골고루 분포되어 있어야 한다.
☐ **맛과 향** : 식감이 부드러우며 끈적거리거나 탄 냄새, 덜 익은 맛이 나서는 안 된다.

제조공정

1_ 재료 계량 : 9분
가. 9분 이내에 재료 손실 없이 정확하게 계량한다.

2_ 전처리 작업
가. 가루재료(중력분, 코코아파우더, 바닐라향)를 혼합하여 체에 내려 준비한다.
나. 호두는 잘게 잘라 오븐에 굽는다.
다. 원형팬에 위생지를 재단하여 깔아준다. 밑면은 틀과 동일한 크기로, 옆면은 틀의 높이보다 0.5~1cm 높게 올라오도록 한다.

3_ 반죽 : 1단계 변형반죽법, 최종반죽온도 27℃
가. 볼에 잘게 자른 다크초콜릿과 버터를 넣고 45~50℃로 중탕하여 녹인다.
나. 볼에 달걀을 넣고 거품기로 멍울을 풀어

준 후 설탕, 소금을 넣고 거품이 많이 생기지 않도록 섞는다.

다. (나)의 반죽에 (가)를 넣고 혼합한다.

라. 미리 체에 쳐 둔 가루재료(중력분, 코코아파우더, 바닐라향)를 넣고 가볍게 섞는다.

마. 구운 호두 1/2를 약간의 덧가루에 버무린 후 넣고 섞는다. 반죽의 농도는 주르륵 흐를 정도가 적당하다.

바. 반죽온도를 측정한다.

4_ **팬닝** : 원형 3호팬(21cm) 2개

가. 위생지를 깔아놓은 원형팬 2개에 동량을 나누어 담는다.

나. 주걱으로 반죽 표면을 고르게 한다.

다. 팬닝한 반죽 위에 나머지 호두를 골고루 뿌린다.

5_ **굽기** : 윗불 180℃ 아랫불 160℃, 시간 35~40분

가. 제품의 구워진 상태에 따라 온도를 조절하여 굽는다. 코코아파우더로 인해 구워진 정도를 확인하기 어려우므로 주의한다.

6_ **냉각**

가. 오븐에서 꺼낸 팬을 작업대에 살짝 떨어뜨린 후 반죽을 분리하여 냉각하고 위생지를 제거한다.

브라우니 롤리팝
Brownies Lolli POP

브라우니는 비중이 높아 묵직한 식감이기 때문에 롤리팝으로 응용하여
부드러운 식감을 높이고 재미있는 모양을 만들 수 있습니다.

재료

브라우니 완성품 1개
코팅초콜릿 200g
버터 50g
레인보우장식
빨대

1. 브라우니는 으깨어 가루를 만든다.

2. 가루 낸 브라우니와 부드러운 버터를 혼합하여 잘 뭉친다.

3. (2)의 브라우니는 지름 2cm 정도의 롤리팝 모양으로 빚어준 후 빨대를 꽂는다.

4. 초콜릿을 중탕하여 녹인 후 (3)의 롤리팝에 초콜릿 코팅을 한다.

5. 코팅 위에 레인보우장식을 뿌린다.

마데라(컵) 케이크
● Madeira (Cup) Cake ●

시험시간	2시간
공정법	크림법
생산량	감독위원이 개수 지정
준비물	평철판, 머핀틀, 짤주머니, 위생지, 체, 볼, 주걱, 온도계, 붓, 저울, 거품기, 유산지컵, 가위

마데라는 지중해에 위치한 포르투갈의 화산섬으로 강렬한 햇빛을 이용한 주정 강화와인으로 유명한 곳이다. 주정강 화와인이란 일반 와인에 비하여 알코올 도수를 높인 와인으로, 마데라 와인은 높은 도수와 높은 당도, 독특한 캐러멜 향이 돋보이는 와인이다.

마데라(컵) 케이크는 이러한 마데라의 와인을 이용하여 만들어져 와인의 깊은 풍미를 느낄 수 있다.

배합표

재료	비율(%)	무게(g)
박력분	100	400
버터	85	340
설탕	80	320
소금	1	4
달걀	85	340
베이킹파우더	2.5	10
건포도	25	100
호두	10	40
적포도주	30	120
계	418.5	1,674

▶ 충전물 (충전용 재료는 계량시간에서 제외)

재료	비율(%)	무게(g)
분당	20	80
적포도주	5	20

요구사항

마데라(컵) 케이크를 제조하여 제출하시오.

❶ 배합표의 각 재료를 계량하여 재료별로 진열하시오(9분).
- 재료계량(재료당 1분) → [감독위원 계량확인] → 작품제조 및 정리정돈(전체시험 시간−재료계량시간)
- 재료계량 시간내에 계량을 완료하지 못하여 시간이 초과된 경우 및 계량을 잘못한 경우는 추가의 시간 부여 없이 작품제조 및 정리정돈 시간을 활용하여 요구사항의 무게대로 계량
- 달걀의 계량은 감독위원이 지정하는 개수로 계량

❷ 반죽은 **크림법**으로 제조하시오.
❸ 반죽온도는 **24℃**를 표준으로 하시오.
❹ 반죽 분할은 주어진 팬에 알맞은 양을 팬닝하시오.
❺ **적포도주 퐁당**을 **1회** 바르시오.
❻ 반죽은 **전량**을 사용하여 성형하시오.
❼ 감독위원은 시험 전 주어진 팬을 감안하여 팬의 개수를 지정하여 공지한다.

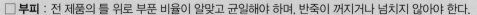

제품 평가 기준

☐ **부피** : 전 제품의 틀 위로 부푼 비율이 알맞고 균일해야 하며, 반죽이 꺼지거나 넘치지 않아야 한다.
☐ **외부균형** : 모양이 찌그러지지 않고 전체적으로 균형 잡힌 대칭을 이루어야 한다.
☐ **껍질** : 황갈색으로 부드럽고 두껍지 않으며, 표면에 바른 퐁당이 매끈하게 발려 있고 윤기가 나야 한다.
☐ **내상** : 기공과 조직의 크기가 고르며, 섞이지 않은 재료 덩어리가 없고, 충전물이 골고루 분포되어 있어야 한다.
☐ **맛과 향** : 끈적거리지 않고 촉촉한 부드러운 식감이며, 와인 향이 조화를 이루며, 탄 냄새 및 생 재료 맛이 없어야 한다.

제조공정

1_ 재료 계량 : 9분

가. 충전물을 제외하고 9분 이내에 재료 손실 없이 정확하게 계량한다. 충전물은 반죽을 구울 동안 계량한다.

2_ 전처리 작업

가. 머핀틀에 머핀 종이를 깐다.

나. 가루재료(박력분, 베이킹파우더)를 혼합하여 체에 내려 준비한다.

다. 호두의 비린내를 제거하기 위해 오븐에 잠시 구운 후 잘게 썰고, 건포도는 적포도주에 5분 정도 담가 놓은 후 체에 걸러 물기를 제거한다.

3_ 반죽 : 크림법, 최종반죽온도 24℃

가. 믹싱볼에 버터를 넣고 부드럽게 풀어준 후 설탕과 소금을 넣고 믹싱한다.

나. 달걀을 풀어 3번 이상 나누어 넣고 중속 또는 고속의 속도로 믹싱하여 크림과 같이 부드러운 상태로 만든다.

다. 미리 전처리해 둔 호두와 건포도를 밀가루에 살짝 버무린 후 섞는다.

라. 미리 체에 내린 가루재료(박력분, 베이킹파우더)를 넣고 U자로 가볍게 섞는다.

마. 남은 적포도주를 이용하여 반죽의 되기를 조절한다.

바. 반죽의 온도를 측정한다.

4_ 팬닝 : 감독위원이 개수 지정

가. 완성된 반죽을 짤주머니에 담아 미리 종이를 깔아둔 머핀틀에 70% 정도 채운다.

5_ 퐁당 제조

가. 충전물 분량의 포도주에 분당을 넣고 녹여 되직하게 만든다.

6_ 굽기 : 윗불 180℃ 아랫불 160℃, 시간 20~25분

가. 반죽이 완성되기 직전(약 95%의 완성 상태)에 오븐에서 꺼내 붓을 이용하여 퐁당을 균일하고 신속하게 1회 바른다.

나. 다시 오븐에 넣어 퐁당의 수분이 날아가고 피막이 하얗게 형성되면 반죽을 꺼낸다.

7_ 냉각

가. 오븐에서 꺼낸 팬을 작업대에 살짝 떨어뜨린 후 반죽을 분리하여 냉각한다.

TIP

＊ 믹싱 과정에서 설탕이 완전히 녹아야 완성제품의 표피에 검은 반점이 생기지 않으므로 고무주걱으로 믹싱볼의 벽면을 중간중간 잘 긁어주며 상태를 확인한다.

＊ 충전물을 반죽에 섞을 시 밀가루를 묻히지 않으면 충전물이 가라앉을 수 있다.

＊ 짤주머니를 틀보다 높은 위치에서 짜게 되면 반죽이 고르게 채워지지 않으므로 틀 밑에서부터 짠다.

＊ 오븐에서 오랫동안 꺼내 두면 반죽이 수축하므로 퐁당을 신속히 바른다.

블루베리 크림치즈 컵케이크
Blueberry Cream Cheese Cup Cake

마데라(컵) 케이크에 와인과 어울리는 크림치즈와 블루베리잼을
추가하여 풍미와 판매 가치를 높일 수 있습니다.

재료

완성된 마데라 반죽 800g
크림치즈 150g
블루베리잼 70g

1. 머핀틀에 마데라 반죽을 1/3가량 채운다.

2. (1)의 머핀에 큐브로 썬 크림치즈(가로 1cm x 세로 1cm)와 블루베리잼을 올린다.

3. 그 위에 다시 반죽을 70% 높이로 채운다.

4. 180℃ 오븐에서 약 20~25분간 정도 굽는다.

초코머핀(초코컵케이크)
● Chocolate Muffin(Chocolate Cup Cake) ●

시험시간	1시간 50분
공정법	크림법
생산량	감독위원이 개수 지정
준비물	머핀틀, 위생지, 체, 볼, 주걱, 짤주머니, 온도계, 유산지컵, 거품기, 가위

머핀은 영국과 미국에서 주로 소비하는 작은 크기의 케이크로 가루재료, 감미재료, 달걀, 유지, 베이킹파우더 등을 혼합하여 만들며, 특히 화학팽창제인 베이킹파우더 및 베이킹소다를 활용하여 부풀리는 케이크이다. 견과류, 건과일, 훈제식품 등의 추가 재료를 넣어 식사 대용이나 티타임의 디저트로 활용한다. 크림법은 유지, 설탕, 달걀, 가루재료를 순차적으로 넣고 계속하여 크림과 같은 상태로 믹싱하여 케이크를 만드는 방법으로 달걀로 부풀리는 거품법 케이크보다 무겁고 진한 식감을 가지는 것이 특징이다. 크림법의 재료 비율을 조정하여 케이크 외에도 쿠키 등의 반죽에도 사용된다.

재료	비율(%)	무게(g)
박력분	100	500
설탕	60	300
버터	60	300
달걀	60	300
소금	1	5(4)
베이킹소다	0.4	2
베이킹파우더	1.6	8
코코아파우더	12	60
물	35	175(174)
탈지분유	6	30
초코칩	36	180
계	372	1,860(1,858)

요구사항

초코머핀(초코컵케이크)을 제조하여 제출하시오.

❶ 배합표의 각 재료를 계량하여 재료별로 진열하시오(11분).
 • 재료계량(재료당 1분) → [감독위원 계량확인] → 작품제조 및 정리정돈(전체시험시간−재료계량시간)
 • 재료계량 시간내에 계량을 완료하지 못하여 시간이 초과된 경우 및 계량을 잘못한 경우는 추가의 시간 부여 없이 작품제조 및 정리정돈 시간을 활용하여 요구사항의 무게대로 계량
 • 달걀의 계량은 감독위원이 지정하는 개수로 계량

❷ 반죽은 **크림법**으로 제조하시오.

❸ 반죽온도는 **24℃**를 표준으로 하시오.

❹ **초코칩**은 제품의 **내부에 골고루 분포**되게 하시오.

❺ 반죽 분할은 주어진 팬에 알맞은 양으로 팬닝하시오.

❻ 반죽 **전량**을 사용하여 성형하시오.

❼ 감독위원은 시험 전 주어진 팬을 감안하여 팬의 개수를 지정하여 공지한다.

제품 평가 기준

☐ **부피** : 전 제품의 틀 위로 부푼 비율이 알맞고 균일해야 하며, 반죽이 꺼지거나 넘치지 않아야 한다.

☐ **외부균형** : 모양이 찌그러지지 않고 전체적으로 균형 잡힌 대칭을 이루어야 한다.

☐ **껍질** : 부드럽고 두껍지 않으며 표면에 균열이 적당하게 나야 한다.

☐ **내상** : 짙은 코코아색을 띠고, 기공과 조직의 크기가 고르며, 섞이지 않은 재료 덩어리가 없고, 초콜릿 칩이 골고루 분포되어 있어야 한다.

☐ **맛과 향** : 끈적거리지 않고 촉촉한 부드러운 식감이며, 코코아 향이 나고, 탄 냄새 및 생 재료 맛이 없어야 한다.

제조공정

1_ 재료 계량 : 11분

가. 11분 이내에 재료 손실 없이 정확하게 계량한다.

2_ 전처리 작업

가. 머핀틀에 머핀 위생지를 깐다.

나. 가루재료(박력분, 베이킹소다, 베이킹파

우더, 코코아파우더, 탈지분유)를 혼합하여 체에 내려 준비한다.

3_ 반죽 : 크림법, 최종반죽온도 24℃

가. 믹싱볼에 버터를 넣고 부드럽게 풀어준 후 설탕과 소금을 2~3번 나눠 넣고 믹싱한다.

나. 달걀을 풀어 3번 이상 나눠 넣고 중속 또는 고속의 속도로 믹싱하여 크림과 같이 부드러운 상태로 만든다.

다. 미리 체에 내린 가루재료(박력분, 베이킹 소다, 베이킹파우더, 코코아파우더, 탈지분유)를 넣고 U자로 가볍게 섞는다.

라. 물을 여러 번 나눠 넣고 고르게 섞이도록 믹싱한다.

마. 초코칩을 2/3넣고 가볍게 섞는다.

바. 반죽의 온도를 측정한다.

4_ 팬닝 : 감독위원이 개수 지정

가. 완성된 반죽을 짤주머니에 담아 미리 종이를 깔아둔 머핀틀에 70% 정도 채운다.

나. 남은 초코칩을 위에 골고루 뿌린다.

5_ 굽기 : 윗불 180℃ 아랫불 160℃, 시간 20~25분

가. 제품의 구워진 상태에 따라 온도를 조절하여 굽는다. 코코아파우더로 인해 구워진 정도를 확인하기 어려우므로 주의한다.

6_ 냉각

가. 오븐에서 꺼낸 팬을 작업대에 살짝 떨어뜨린 후 반죽을 분리하여 냉각한다.

TIP

＊ 믹싱 과정에서 설탕이 완전히 녹아야 완성제품의 표피에 검은 반점이 생기지 않으므로 고무주걱으로 믹싱볼의 벽면을 중간중간 잘 긁어 주며 상태를 확인한다.

＊ 반죽 시 물은 반죽 상태에 따라 가루재료를 넣기 전 또는 반반씩 전후에 나누어 섞어도 좋다.

＊ 짤주머니를 틀보다 높은 위치에서 짜게 되면 반죽이 고르게 채워지지 않으므로 틀 밑에서부터 짠다.

초코 부엉이 머핀
Chocolate Owl Muffin

초코 머핀에 간단한 장식을 통하여 시각적인 재미와 풍미를 높여 파티용으로 이용하기 좋습니다.

재료

머핀 10개
생크림 500g
설탕 50g
원형초코샌드과자 20개
초코볼 30개

1. 볼에 생크림을 담고 핸드믹서로 거품을 올려 100%의 단단한 크림을 만들어준다(설탕은 3회에 걸쳐 중간 중간 넣어주며 휘핑한다).

2. 머핀 위에 (1)을 스패츌러를 이용하여 봉긋하게 바른다.

3. 원형초코샌드과자를 반으로 갈라 크림이 있는 부분이 위쪽으로 가도록 부엉이 눈처럼 붙이고 나머지 쿠키는 반으로 잘라 눈썹을 만들어 준다.

4. 초코볼로 눈과 입을 붙여 완성한다.

버터 쿠키
● Butter Cookies ●

시험시간	2시간
공정법	크림법
생산량	평철판 2~3판
준비물	평철판, 짤주머니, 별모양깍지(5~6날), 체, 볼, 주걱, 거품기, 온도계, 위생지, 가위, 저울

쿠키는 건과자를 일컫는 말로, 비스킷이라고도 불린다. 밀가루 함량이 높은 것과 수분과 지방 함량이 높은 것으로 보통 나누어지며, 이중 버터 쿠키는 수분과 지방 함량이 높은 쿠키의 대표적인 제품으로 크림법 공정으로 만들어진다. 크림법은 버터에 설탕과 달걀을 넣고 크림과 같은 상태를 만든 후 밀가루를 혼합하여 만드는 공정을 말하며, 밀가루 함량이 높은 공정법에 비하여 부드러운 식감의 쿠키를 만들 수 있다.

배합표

재료	비율(%)	무게(g)
박력분	100	400
버터	70	280
설탕	50	200
소금	1	4
달걀	30	120
바닐라향	0.5	2
계	251.5	1,006

요구사항

버터 쿠키를 제조하여 제출하시오.

❶ 배합표의 각 재료를 계량하여 재료별로 진열하시오(6분).
  - 재료계량(재료당 1분) → [감독위원 계량확인] → 작품제조 및 정리정돈(전체시험 시간−재료계량시간)
  - 재료계량 시간내에 계량을 완료하지 못하여 시간이 초과된 경우 및 계량을 잘못한 경우는 추가의 시간 부여 없이 작품제조 및 정리정돈 시간을 활용하여 요구사항의 무게대로 계량
  - 달걀의 계량은 감독위원이 지정하는 개수로 계량

❷ 반죽은 **크림법**으로 **수작업**하시오.

❸ 반죽온도는 **22℃**를 표준으로 하시오.

❹ 별모양깍지를 끼운 짤주머니를 사용하여 2가지 모양 짜기를 하시오(**8자, 장미모양**).

❺ 반죽은 **전량**을 사용하여 성형하시오.

제품 평가 기준

☐ **부피** : 쿠키의 퍼짐과 부푼 비율이 알맞고 균일해야 한다.
☐ **외부균형** : 모양이 찌그러지지 않고 전체적으로 균형 잡힌 대칭을 이루어야 한다.
☐ **껍질** : 전체적으로 고른 황갈색을 띠고 선명한 무늬를 가지고 있어야 한다.
☐ **내상** : 밝은색을 띠고, 기공과 조직의 크기가 고르며, 섞이지 않은 재료 덩어리가 없어야 한다.
☐ **맛과 향** : 끈적거리지 않고 부드러우면서도 바삭한 식감이며, 버터의 향이 조화롭고, 탄 냄새 및 생 재료 맛이 없어야 한다.

[크림법 제품 제조 시 주의사항]

＊ 유지는 실온에 미리 꺼내 두어 충분히 물렁해진 상태에서 반죽을 시작한다. 단단한 버터로 반죽을 시작하거나 실내 온도가 낮은 경우에는 믹싱볼 밑에 따뜻한 물을 담은 볼을 놓고 중탕 상태로 믹싱하여 버터가 잘 풀어지도록 한다.

＊ 반죽 시 유지에 달걀 및 액체 재료를 한꺼번에 넣으면 지방 성분인 유지와 수분 성분인 달걀 및 액체재료가 서로 섞이지 않고 분리될 수 있으므로 달걀 및 액체재료를 조금씩 나누어 넣으며 고속으로 믹싱한다.

1_ 재료 계량 : 6분

가. 6분 이내에 재료 손실 없이 정확하게 계량한다.

2_ 전처리 작업

가. 가루재료(박력분, 바닐라향)를 혼합하여 체에 내려 준비한다.

3_ 반죽 : 크림법, 최종반죽온도 22℃

가. 볼에 버터를 넣고 부드럽게 풀어준 후 설탕과 소금을 넣고 휘핑한다.

나. 달걀을 풀어 3번 이상 나누어 넣고 빠르게 휘핑하여 크림과 같이 부드러운 상태로 만든다.

다. 미리 체에 내린 가루재료(박력분, 바닐라향)를 넣고 U자로 가볍게 섞어준다.

라. 반죽의 온도를 측정한다.

4_ 팬닝 : 8자 및 장미모양

가. 짤주머니에 별모양깍지를 끼우고 완성된 반죽을 절반 담는다. 반죽의 공기를 빼내고 짤주머니를 팽팽하게 만든다.

나. 평철판에 간격을 고려하며 동일한 크기의 'S'자 모양으로 짠다.

다. 남은 절반의 반죽을 짤주머니에 담아 간격을 고려하며 동일한 크기의 장미 모양으로 짠다.

라. 실온에 10분 정도 건조하여 반죽의 결이 고정되도록 한다.

5_ 굽기 : 윗불 190℃ 아랫불 160℃, 시간 10~15분

가. 제품의 구워진 상태에 따라 온도를 조절하고, 색이 나면 팬을 돌려가며 균일한 황갈색이 나도록 굽는다.

6_ 냉각

가. 완성된 쿠키는 스크래퍼를 이용하여 팬에서 조심히 떼어내 타공팬으로 옮겨 냉각한다.

🍞 TIP

* 반죽에 밀가루를 넣고 계속 섞으면 글루텐이 생성되어 쿠키가 단단해지므로 주의한다.

* 반죽을 짤주머니에 담을 때 반죽의 공기를 빼지 않으면 반죽을 짜는 중간에 반죽이 끊기게 된다.

* 버터 쿠키는 굽는 과정에서 살짝 부풀기 때문에 부푸는 정도를 고려하여 간격을 주고 팬닝해야 한다.

* 쿠키는 높은 온도에서 짧은 시간 동안 구워야 제품의 결이 살고 바삭하게 완성할 수 있다.

초콜릿 킵펠 쿠키
Chocolate Kipfel Cookies

코코아가루와 초콜릿을 이용하여 기본적인 버터 쿠키의 풍미와 판매 가치를 높일 수 있습니다.

재료

밀가루 360g
코코아가루 40g
코팅용 초콜릿 200g

1. 버터 쿠키 레시피 밀가루 분량의 10%를 코코아가루로 대체하여 같은 방법으로 반죽을 완성한다.

2. 반죽을 말발굽(U) 모양으로 짜서 굽는다.

3. 코팅용 초콜릿을 중탕하여 녹인다.

4. 쿠키를 샌드했을 때 동일한 크기로 짝을 맞춘다.

5. 코팅용 초콜릿의 1/4을 짤주머니에 담아 쿠키의 납작한 면에 조금 짜주고 짝을 맞춰둔 다른 쿠키를 덮어 샌드한 후 잘 붙도록 살짝 굳힌다.

6. 남은 중탕 초콜릿에 (5)의 쿠키를 절반 담가 위생지 위에 올려 굳힌다.

쇼트브레드 쿠키
◉ Short Bread Cookies ◉

시험시간	2시간
공정법	크림법
생산량	평철판 2판
준비물	평철판, 쿠키커터, 밀대, 스크래퍼, 포크, 비닐, 붓, 체, 볼, 주걱, 거품기, 온도계, 위생지, 저울

쿠키는 건과자를 일컫는 말로, 비스킷이라고도 불린다. 밀가루 함량이 높은 것과 수분과 지방 함량이 높은 것으로 보통 나누어지며, 이중 쇼트브레드 쿠키는 밀가루 함량이 높아 반죽을 밀어펴 틀로 찍어내는 공법의 대표적인 쿠키로, 수분과 지방 함량이 높은 것보다 단단하고 바삭한 식감을 준다.

가장 대표적인 쇼트브레드 쿠키는 원산지로 추정되는 스코틀랜드의 스카치 쇼트브레드로, 신부가 처음 신혼집에 들어갈 때 이 쿠키를 머리 위에 얹고 부수는 전통이 있어, 부서지기 쉽게 만들어진다. 또한, 새해에도 먹는 풍습이 있다.

재료	비율(%)	무게(g)
박력분	100	500
마가린	33	165(166)
쇼트닝	33	165(166)
설탕	35	175(176)
소금	1	5(6)
물엿	5	25(26)
달걀	10	50
노른자	10	50
바닐라향	0.5	2.5(2)
계	227.5	1,137.5(1,142)

요구사항

쇼트브레드 쿠키를 제조하여 제출하시오.

❶ 배합표의 각 재료를 계량하여 재료별로 진열하시오(**9분**).
   - 재료계량(재료당 1분) → [감독위원 계량확인] → 작품제조 및 정리정돈(전체시험 시간-재료계량시간)
   - 재료계량 시간내에 계량을 완료하지 못하여 시간이 초과된 경우 및 계량을 잘못한 경우는 추가의 시간 부여 없이 작품제조 및 정리정돈 시간을 활용하여 요구사항의 무게대로 계량
   - 달걀의 계량은 감독위원이 지정하는 개수로 계량

❷ 반죽은 수작업으로 하여 **크림법**으로 제조하시오.

❸ 반죽온도는 **20℃**를 표준으로 하시오.

❹ 제시한 정형기를 사용하여 두께 **0.7~0.8cm**, 지름 **5~6cm**(정형기에 따라 가감) 정도로 정형하시오.

❺ 제시한 2개의 팬에 전량 성형하시오.(단, 시험장 팬의 크기에 따라 감독위원이 별도로 지정할 수 있다.)

❻ **달걀노른자 칠**을 하여 **무늬**를 만드시오.
   - 달걀은 총 7개를 사용하며, 달걀 크기에 따라 감독위원이 가감하여 지정할 수 있다.
   - 배합표 반죽용 4개(달걀 1개 + 노른자용 달걀 3개)
   - 달걀 노른자칠용 달걀 3개

제품 평가 기준

☐ **부피** : 쿠키의 퍼짐과 부푼 비율이 알맞고 균일해야 한다.
☐ **외부균형** : 모양이 찌그러지지 않고 전체적으로 균형 잡힌 대칭을 이루어야 한다.
☐ **껍질** : 전체적으로 고른 황갈색을 띠고 선명한 무늬를 가지고 있어야 한다.
☐ **내상** : 밝은색을 띠고, 기공과 조직의 크기가 고르며, 섞이지 않은 재료 덩어리가 없어야 한다.
☐ **맛과 향** : 끈적거리지 않고 부드러우면서도 바삭한 식감이며, 버터의 향이 조화를 이루고, 탄 냄새 및 생 재료 맛이 없어야 한다.

제조공정

1_ 재료 계량 : 9분
가. 9분 이내에 재료 손실 없이 정확하게 계량한다.

2_ 전처리 작업
가. 가루재료(박력분, 바닐라향)를 혼합하여 체에 내려 준비한다.

3_ 반죽 : 크림법, 최종반죽온도 20℃

가. 믹싱볼에 버터와 쇼트닝을 넣고 부드럽게 풀어준 후 설탕과 소금, 물엿을 넣고 믹싱한다.

나. 달걀과 노른자를 함께 풀어 3번 이상 나누어 넣고 중속 또는 고속의 속도로 믹싱하여 부드러운 상태로 만든다.

다. 체에 내린 가루재료(박력분, 바닐라향)를 넣고 U자로 가볍게 섞는다.

라. 반죽을 비닐에 담아 네모 납작하게 만든 후 약 20~30분간 냉장고에서 휴지한다.

4_ 성형

가. 휴지시켜 둔 반죽을 다시 한 번 가볍게 반죽한다.

나. 반죽을 밀기 좋은 크기로 잘라 7~8mm 두께로 밀어편 다음 지름 5~6cm의 쿠키 틀을 이용하여 찍어낸다.

5_ 팬닝 : 평철판 2판

가. 찍어낸 반죽을 스크래퍼를 이용하여 들어 올려 평철판에 적당한 간격을 두고 놓는다.

나. 붓을 이용하여 쿠키 윗면에 달걀노른자(분량 외)를 고루 바른다. 살짝 건조한 후 한 번 더 바른다.

다. 달걀노른자를 포크로 긁어 줄무늬 모양(물결 무늬 또는 십자 무늬)을 낸다.

6_ 굽기 : 윗불 190℃ 아랫불 150℃, 시간 약 12~15분

가. 제품의 구워진 상태에 따라 온도를 조절하고, 색이 나면 팬을 돌려가며 균일한 황갈색이 나도록 굽는다.

7_ 냉각

가. 완성된 쿠키는 스크래퍼를 이용하여 팬에서 조심히 떼어내 타공팬으로 옮겨 냉각한다.

TIP

＊ 반죽에 밀가루를 넣고 반죽을 계속 섞으면 글루텐이 생성되어 쿠키가 단단해지므로 주의한다.

＊ 완성된 반죽은 냉장 휴지를 반드시 거쳐야 반죽 속 가루재료에 수분이 골고루 퍼지고, 버터와 쇼트닝이 차갑게 유지되어 맛있는 파이 생지가 완성된다.

＊ 반죽을 밀어 펼 때 덧가루를 적당량 사용하여 밀어 펴야 하지만 너무 많은 덧가루를 사용하면 완성된 제품에 줄무늬가 나타나거나 생 밀가루의 맛과 향이 날 수 있으므로 주의한다.

＊ 쿠키 위에 바른 달걀노른자를 너무 건조하면 노른자가 굳어 벗겨질 수 있으므로 주의한다.

＊ 쿠키는 높은 온도에서 짧은 시간 동안 구워야 제품의 결이 살고 바삭한 쿠키를 완성할 수 있다.

아이싱 쇼트브레드 쿠키
Icing Short Bread Cookies

쇼트브레드 쿠키는 밀가루 함량이 높아 밀가루 냄새의 중화를 위해 레몬향의 아이싱을 이용했습니다. 또한 장식을 통해 판매 가치를 높일 수 있습니다.

재료

달걀물을 바르지 않고 구워낸
쇼트브레드 쿠키 50개

아이싱 재료

슈가파우더 400g
흰자 80g
레몬즙 약간
식용색소

1. 슈가파우더와 흰자를 잘 섞어준 후 레몬즙을 3~4방울을 넣고 섞는다.

2. 식용색소를 넣고 원하는 색을 만든다.

3. 쇼트브레드 쿠키에 달걀노른자를 바르지 않고 구운 후 식힌다.

4. 식힌 쿠키 위에 완성한 아이싱을 이용하여 장식한다.

다쿠와즈
● Dacquoise ●

시험시간	1시간 50분
공정법	머랭법
생산량	다쿠와즈틀 2판
준비물	다쿠와즈틀, 평철판, 위생지(실리콘페이퍼), 원형모양깍지(지름 1cm), 헤라, 스크래퍼, 분당체, 체, 볼, 주걱, 거품기, 짤주머니, 분무기, 비닐 또는 랩, 가위, 저울

프랑스 랑드 지역의 닥스에서 유래한 케이크로, 달걀흰자로 만든 머랭에 아몬드가루, 밀가루, 설탕의 혼합물을 넣어 구워내는 머랭 과자의 일종이다. 주로 둥근 타원형으로 만들어 크림을 샌드하지만, 원하는 모양으로 반죽을 짜서 케이크의 시트 등 다양한 용도로 이용한다.

재료	비율(%)	무게(g)
달걀흰자	130	325(326)
설탕	40	100
아몬드분말	80	200
분당	66	165(166)
박력분	22	50
계	336	840(842)

▶ 충전물 (충전용 재료는 계량시간에서 제외)

재료	비율(%)	무게(g)
버터크림(샌드용)	90	225(226)

다쿠와즈를 제조하여 제출하시오.

❶ 배합표의 각 재료를 계량하여 재료별로 진열하시오(**5분**).
　• 재료계량(재료당 1분) → [감독위원 계량확인] → 작품제조 및 정리정돈(전체시험 시간-재료계량시간)
　• 재료계량 시간내에 계량을 완료하지 못하여 시간이 초과된 경우 및 계량을 잘못한 경우는 추가의 시간 부여 없이 작품제조 및 정리정돈 시간을 활용하여 요구사항의 무게대로 계량
　• 달걀의 계량은 감독위원이 지정하는 개수로 계량

❷ **머랭**을 사용하는 반죽을 만드시오.
❸ **표피가 갈라지는** 다쿠와즈를 만드시오.
❹ **다쿠와즈 2개를 크림으로 샌드**하여 1조의 제품으로 완성하시오.
❺ 반죽은 **전량**을 사용하여 성형하시오.

제품 평가 기준

☐ **부피** : 제품의 부푼 비율이 알맞고 두께가 균일해야 한다.
☐ **외부균형** : 모양이 찌그러지지 않고 전체적으로 균형 잡힌 대칭을 이루어야 하며, 샌드 후의 크기와 모양이 일정해야 한다.
☐ **껍질** : 전체적으로 고른 황갈색을 띠며, 표면이 균일하게 갈라져 있고, 슈가파우더가 고르게 뿌려져 있어야 한다.
☐ **내상** : 밝은 색을 띠고, 기공과 조직의 크기가 고르며, 섞이지 않은 재료 덩어리가 없어야 한다.
☐ **맛과 향** : 끈적거리지 않고 부드러운 식감이며, 탄 냄새 및 생 재료 맛이 없어야 한다. 또한 다쿠와즈와 샌드용 크림이 조화롭게 어울려야 한다.

제조공정

1. 재료 계량 : 5분
가. 5분 이내에 재료 손실 없이 정확하게 계량한다.

2. 전처리 작업
가. 평철판에 위생지 또는 실리콘페이퍼를 깐 후 다쿠와즈틀을 올린다.

나. 가루재료(아몬드분말, 분당, 박력분)를 혼합하여 체에 3번 내려 준비한다.

3_ 반죽 : 머랭법

가. 믹싱볼에 달걀흰자를 넣고 60% 정도 (전체적으로 흰자 거품이 뽀얗게 올라온 상태) 믹싱한 후 설탕을 3번에 걸쳐 나눠 넣으며 계속하여 고속으로 믹싱하여 90% 상태의 머랭(거품기에 매달린 반죽의 끝이 새의 부리처럼 살짝 휘는 상태)을 완성한다.

나. 미리 체에 쳐 둔 가루재료(아몬드분말, 분당, 박력분)에 머랭을 세 번에 나눠 넣고 가볍고 빠르게 U자로 섞는다.

4_ 팬닝 : 다쿠와즈틀 2판

가. 반죽을 짤주머니에 담아 준비된 다쿠와즈틀에 채워준다. 이때 가장자리까지 고르게 채워주고, 틀의 높이보다 약간 높게 짠다.

나. 바닥이 평평한 스크래퍼 또는 자를 이용하여 틀의 윗면을 평평하게 긁는다.

다. 분당(분량 외)을 고운 체에 담아 반죽의 윗면에 고르게 뿌린다.

라. 다쿠와즈틀을 조심히 뺀다.

마. 분당을 다시 한 번 뿌린다.

5_ 굽기 : 윗불 180℃ 아랫불 160℃, 시간 15~20분

가. 제품의 구워진 상태에 따라 온도를 조절하고, 색이 나면 팬을 돌려가며 균일한 황갈색이 나도록 굽는다.

6_ 마무리 및 냉각

가. 구워낸 제품을 냉각한 후 위생지의 뒷면에 스프레이를 이용하여 물을 뿌려 제품을 조심히 뗀다.

나. 하나의 다쿠와즈에 헤라를 이용하여 제공된 크림을 바른 후 다른 하나의 다쿠와즈를 붙여 샌드한다.

TIP

＊ 다쿠와즈틀에 반죽을 넣은 후 표면을 긁을 때 여러 번 긁으면 표면이 지저분해지므로 한 번에 긁는다.

＊ 분당이 균일하게 뿌려져야 표면의 터짐 현상이 균일하게 나타난다.

다쿠와즈 버터크림
Dacquois Butter Cream

다쿠와즈에 다양한 맛과 색의 크림을 응용하여 아몬드가루의 텁텁한 맛을 중화하고 판매 가치를 높일 수 있습니다.

재료

다쿠와즈
달걀 3개
물 50g
설탕 240g
버터 600g
딸기시럽
블루베리시럽
망고시럽

1. 냄비에 물과 설탕을 넣고 118℃까지 끓인다.

2. 달걀을 거품 내다 (1)의 시럽을 넣고 섞으며 식힌다.

3. 버터를 크림 상태로 믹싱하다 (2)를 넣고 단단한 크림 상태로 거품 낸다.

4. 식힌 다쿠와즈에 완성된 버터크림을 헤라를 이용하여 고루 발라주고 다른 다쿠와즈를 덮는다.

TIP 완성된 버터크림에 과일시럽, 말차가루, 초콜릿 등을 넣어 다양한 맛을 연출할 수 있다.

마드레느
◉ Madeleine ◉

시험시간	1시간 50분
공정법	1단계법(변형)
생산량	마드레느팬 2~3판
준비물	마드레느팬, 붓, 짤주머니, 원형모형깍지(지름 1cm), 체, 볼, 주걱, 거품기, 온도계, 가위, 위생지, 저울, 버너, 비닐 또는 랩

마들렌(마드레느)은 대표적인 프랑스 케이크로 밀가루, 버터, 달걀, 우유, 레몬향을 혼합하여 조개 모양으로 구운 것이다.

마들렌이라는 이름은 귀족의 연회를 위하여 이 케이크를 최초로 만든 프랑스 로렌 지방 코메르시 마을의 소녀의 이름을 딴 것으로 알려진다.

가장 기본적인 마들렌은 버터, 설탕, 밀가루, 달걀을 파운드 케이크처럼 동량씩 혼합하여 만들어지며, 추가로 레몬향을 첨가하나 현재는 다양한 맛의 마들렌이 탄생하고 있다.

배합표

재료	비율(%)	무게(g)
박력분	100	400
베이킹파우더	2	8
설탕	100	400
달걀	100	400
레몬껍질	1	4
소금	0.5	2
버터	100	400
계	403.5	1,614

요구사항

마드레느를 제조하여 제출하시오.

❶ 배합표의 각 재료를 계량하여 재료별로 진열하시오(**7분**).
 • 재료계량(재료당 1분) → [감독위원 계량확인] → 작품제조 및 정리정돈(전체시험 시간−재료계량시간)
 • 재료계량 시간내에 계량을 완료하지 못하여 시간이 초과된 경우 및 계량을 잘못한 경우는 추가의 시간 부여 없이 작품제조 및 정리정돈 시간을 활용하여 요구사항의 무게대로 계량
 • 달걀의 계량은 감독위원이 지정하는 개수로 계량

❷ 마드레느는 **수작업**으로 하시오.
❸ 버터를 녹여서 넣는 **1단계법(변형) 반죽법**을 사용하시오.
❹ 반죽온도는 **24℃**를 표준으로 하시오.
❺ 실온에서 **휴지** 시키시오.
❻ 제시된 팬에 알맞은 반죽량을 넣으시오.
❼ 반죽은 **전량**을 사용하여 성형하시오.

제품 평가 기준

☐ **부피** : 틀 위로 부푼 비율이 알맞고 균일해야 하며, 반죽이 꺼지거나 넘치지 않아야 한다.
☐ **외부균형** : 모양이 찌그러지지 않고 전체적으로 균형 잡힌 대칭을 이루며, 배꼽과 줄무늬가 선명하게 나타나야 한다.
☐ **껍질** : 부드럽고 두껍지 않으며 전체적으로 고른 황갈색을 띠고 반점 및 큰 기포가 없어야 한다.
☐ **내상** : 밝은 색을 띠고, 기공과 조직의 크기가 고르며, 섞이지 않은 재료 덩어리가 없어야 한다.
☐ **맛과 향** : 끈적거리지 않고 부드러운 식감이며, 레몬향이 은은하게 나고, 탄 냄새 및 생 재료 맛이 없어야 한다.

제조공정

1_ 재료 계량 : 7분
가. 7분 이내에 재료 손실 없이 정확하게 계량한다.

2_ 전처리 작업
가. 가루재료(박력분, 베이킹파우더)를 혼합하여 체에 내려 준비한다.

나. 버터를 40~60℃의 온도에서 중탕하여 녹인 후 30℃ 정도로 식힌다.

다. 레몬껍질의 노란색 부분만을 강판에 갈 거나 곱게 다진다.

3_ 반죽 : 1단계법(변형), 최종반죽온 도 24℃

가. 미리 체에 쳐 둔 가루재료(박력분, 베이 킹파우더)에 설탕과 소금을 넣고 섞는다.

나. 달걀을 풀어준 후 (가)에 2~3회 나누어 섞는다. 이때 거품이 생기지 않도록 주의 한다.

다. 레몬껍질을 넣고 섞는다.

라. 미리 녹여 둔 버터를 조금씩 흘려 넣으며 섞는다.

마. 반죽의 온도를 측정한다.

바. 반죽이 담긴 볼에 랩을 씌운 후 30분간 실온 휴지한다.

4_ 팬닝 : 마드레느팬 2~3판

가. 마드레느팬에 붓을 이용하여 부드러운 상 태의 버터나 쇼트닝을 얇게 고루 바른다.

나. 짤주머니에 완성된 반죽을 담아 팬의 80% 높이로 채운다.

5_ 굽기 : 윗불 190℃ 아랫불 150℃, 시간 약 15~20분

가. 제품의 구워진 상태에 따라 온도를 조절 하고, 색이 나면 팬을 돌려가며 균일한 황갈색이 나도록 굽는다.

6_ 냉각

가. 오븐에서 꺼낸 팬을 작업대에 살짝 떨어 뜨린 후 반죽을 분리하여 냉각한다.

TIP

＊ 반죽 시 중탕한 버터가 너무 뜨거우면 제품의 부피에 영향을 미칠 수 있으므로 주의한다.

＊ 레몬껍질의 노란색 부분만을 갈아야 쓴맛이 나지 않는다.

＊ 마드레느는 높은 온도에서 짧게 구워야 촉촉한 식감을 만들 수 있다.

초코 퐁당 마드레느
Chocolate Fondant Madeleine

클래식한 마드레느에 트렌드에 맞춰 초콜릿을 퐁당하여 판매 가치를 높일 수 있습니다.

재료

완성된 마드레느
코팅용 다크 커버추어 초콜릿 200g
코팅용 화이트 초콜릿 100g

1. 다크 초콜릿과 화이트 초콜릿은 중탕하여 녹인다.

2. 화이트 초콜릿은 짤주머니에 담는다.

3. 완성된 마드레느 한쪽 면에 중탕으로 녹인 다크 커버추어 초콜릿을 묻힌다.

4. (3)의 마드레느에 굳힌 중탕으로 녹인 화이트 초콜릿을 사선으로 뿌린다.

슈
❀ Choux ❀

시험시간	2시간
생산량	평철판 2판
준비물	평철판, 짤주머니, 원형모양깍지(지름 1cm, 지름 5mm 이하), 분무기, 나무젓가락, 체, 볼, 주걱, 거품기, 가위, 위생지, 버너, 저울

슈는 '양배추'라는 뜻의 불어로, 구워진 모양새가 비슷하여 붙여진 이름이다. 16세기 이탈리아 메디치가가 프랑스 왕가의 결혼 당시 데리고 간 이탈리아의 수석 요리장이 개발한 것으로 추정되며, 그 모양과 제조법에 따라 슈 아 크렘, 에클레어, 를리지외즈, 파리브레스트, 크로캉부슈 등 다양하게 활용된다. 슈는 물에 버터, 설탕, 소금 등을 넣고 끓이다 가루재료를 넣고 익힌 후 달걀을 섞어 만든 반죽으로 속이 빈 채 구워지기 때문에 구운 후에 크림을 넣어 완성한다.

재료	비율(%)	무게(g)
물	125	250
버터	100	200
소금	1	2
중력분	100	200
달걀	200	400
계	526	1,052

▶ 충전물 (충전용 재료는 계량시간에서 제외)

재료	비율(%)	무게(g)
커스터드 크림	500	1,000

요구사항

슈를 제조하여 제출하시오.

❶ 배합표의 재료를 계량하여 재료별로 진열하시오(5분).
- 재료계량(재료당 1분) → [감독위원 계량확인] → 작품제조 및 정리정돈(전체시험 시간–재료계량시간)
- 재료계량 시간내에 계량을 완료하지 못하여 시간이 초과된 경우 및 계량을 잘못한 경우는 추가의 시간 부여 없이 작품제조 및 정리정돈 시간을 활용하여 요구사항의 무게대로 계량
- 달걀의 계량은 감독위원이 지정하는 개수로 계량

❷ 껍질 반죽은 **수작업**으로 하시오.
❸ 반죽은 **직경 3cm** 전후의 **원형**으로 짜시오.
❹ **커스터드 크림**을 껍질에 넣어 제품을 완성하시오.
❺ 반죽은 **전량**을 사용하여 성형하시오.

제품 평가 기준

☐ **부피** : 슈의 퍼짐과 부푼 비율이 알맞고 균일해야 한다.
☐ **외부균형** : 모양이 둥글며 찌그러지지 않고 전체적으로 균형 잡힌 대칭을 이루어야 한다.
☐ **껍질** : 전체적으로 고른 황갈색을 띠고, 균일하게 터진 모양이어야 하며, 껍질이 물렁하지 않고 건조된 상태여야 한다.
☐ **내상** : 속이 잘 비어 있어, 충전용 크림이 고르게 충전되어야 한다.
☐ **맛과 향** : 바삭한 식감으로, 충전된 크림과 조화를 이루며, 탄 냄새 및 생 재료 맛이 없어야 한다.

제조공정

1_ 재료 계량 : 5분
가. 충전물을 제외하고 5분 이내에 재료 손실 없이 정확하게 계량한다. 충전물은 반죽을 굽거나 냉각할 동안 계량한다.

2_ 전처리 작업
가. 가루재료(중력분)를 체에 내려 준비한다.

3_ 반죽

가. 볼 또는 냄비에 물, 버터, 소금을 넣고 끓인다.

나. 물이 끓어오르면 미리 체에 내린 중력분을 넣고, 거품기 또는 주걱으로 저어가며 호화한다. 냄비 바닥에 얇은 반죽막이 생기고, 호화시킨 반죽이 윤기가 나며, 냄비를 흔들었을 때 한 덩어리의 반죽이 될 때까지 호화한다. 충분히 호화해야 굽는 과정에서 수증기압이 잘 발생하여 반죽이 잘 부푼다.

다. 호화가 완성되면 반죽을 불에서 내린 후 다른 볼에 반죽을 옮겨 풀어 놓은 달걀을 조금씩 넣고 거품기 또는 주걱으로 저어가며 잘 섞는다. 주걱에 매달린 반죽이 약간 걸쭉하게 흐르는 상태의 농도로 만든다.

4_ 팬닝 : 평철판 2판

가. 원형모양깍지(지름 1cm)를 끼운 짤주머니에 반죽을 담아 평철판에 지름 3cm 크기의 원형으로 적당한 간격을 주고 짠다.

나. 물 묻힌 손가락으로 슈의 꼭지를 눌러 평평하게 한 후 스프레이를 이용하여 반죽 표면이 충분히 젖도록 물을 뿌려준다. 스프레이가 없을 경우 평철판에 물을 조심히 부어 반죽을 적신 후 물을 덜어낸다.

5_ 굽기 : 윗불 180℃ 아랫불 200℃, 시간 약 5~10분 → 윗불 200℃ 아랫불 180℃, 시간 약 20분

가. 슈가 잘 부풀도록 처음에는 아랫불의 온도를 높게 설정하고, 후에는 슈가 부푼 상태로 잘 익도록 윗불의 온도를 높게 조절한다. 또한, 제품의 색이 나기 전에 오븐을 열거나, 반죽을 충분히 건조하지 않아 반죽이 주저앉지 않도록 주의한다.

6_ 냉각 및 슈 충전

가. 완성된 슈는 스크래퍼를 이용하여 팬에서 조심히 떼어내 타공팬으로 옮겨 냉각한다.

나. 커스터드 크림을 만든다(크림가루 1 : 물 2~3).

다. 냉각된 슈의 밑부분에 젓가락 등을 이용하여 구멍을 낸다.

라. 원형모양깍지(지름 0.5cm)를 끼운 짤주머니에 커스터드 크림을 담아 슈의 구멍에 끼우고 채운다.

에클레어
Eclair

> 슈는 다양한 모양으로 응용가능하며 기다란 모양의 에클레어가 가장 대표적
> 입니다. 특히 에클레어의 윗면을 장식하여 트렌디한 제품 응용이 가능합니다.

재료

별모양깍지
커스터드크림
장식용 과일
(과일은 제철에 나오는 어떤 과일도 가능)

1. 슈 공정 중 (4)의 팬닝 과정에서 반죽을 별모양깍지를 끼운 짤주머니에 담아 12cm 정도의 기다란 막대 모양으로 짜준 후 같은 방법으로 완성한다.

2. 크림까지 채운 에클레어의 윗면에 과일을 올린다.

타르트
◉ Tarte ◉

시험시간	2시간 20분
공정법	크림법
생산량	타르트팬(10~12cm) 8개
준비물	평철판, 타르트팬, 자, 밀대, 스크래퍼, 페이스트리 휠, 포크, 비닐, 붓, 짤주머니, 원형모양깍지(지름 1cm), 체, 볼, 주걱, 거품기, 위생지, 온도계, 가위, 저울, 버너

타르트는 납작한 틀에 반죽을 깔고 과일이나 크림을 충전하여 위를 덮지 않은 채 구운 과자로, 16세기에 독일에서 고대 게르만족이 태양의 모양을 본 떠 만든 원형의 납작한 과자가 발전하여 완성된 것으로 추정하고 있다.
프랑스에서는 타르트, 독일에서는 토르테, 이탈리아는 토르타, 영미권에서는 타트라고 지칭하며, 전 세계적으로 사랑받고 있다.

재료	비율(%)	무게(g)
박력분	100	400
달걀	25	100
설탕	26	104
버터	40	160
소금	0.5	2
계	191.5	766

▶ 충전물

재료	비율(%)	무게(g)
아몬드분말	100	250
설탕	90	226
버터	100	250
달걀	65	162
브랜디	12	30
계	367	918

▶ 광택제 및 토핑

재료	비율(%)	무게(g)
아몬드슬라이스	66.6	100
에프리코트혼당	100	150
물	40	60
계	140	210

타르트를 제조하여 제출하시오.

❶ 배합표의 반죽용 재료를 계량하여 재료별로 진열하시오(**5분**).
  (충전물·토핑 등의 재료는 휴지 시간을 활용하시오)
  · 재료계량(재료당 1분) → [감독위원 계량확인] → 작품제조 및 정리정돈(전체시험 시간-재료계량시간)
  · 재료계량 시간내에 계량을 완료하지 못하여 시간이 초과된 경우 및 계량을 잘못한 경우는 추가의 시간 부여 없이 작품제조 및 정리정돈 시간을 활용하여 요구사항의 무게대로 계량
  · 달걀의 계량은 감독위원이 지정하는 개수로 계량

❷ 반죽은 **크림법**으로 제조하시오.
❸ 반죽온도는 **20℃**를 표준으로 하시오.
❹ 반죽은 **냉장고에서 20~30분 정도 휴지**하시오.
❺ 반죽은 **두께 3mm** 정도 밀어펴서 팬에 맞게 성형하시오.
❻ **아몬드 크림**을 제조해서 **팬(∅10~12cm)** 용적의 **60~70% 정도 충전**하시오.
❼ **아몬드슬라이스를 윗면에 고르게 장식**하시오.
❽ **8개**를 성형하시오.
❾ **광택제**로 제품을 완성하시오.

제품 평가 기준

☐ **부피** : 충전물의 양이 적당하여 꺼지거나 넘치지 않아야 하며, 완성된 제품에 부피감이 있어야 한다.
☐ **외부균형** : 모양이 찌그러지거나 솟아 있지 않고, 전체적으로 균형 잡힌 대칭을 이루어야 한다. 또한, 아몬드슬라이스가 고루 뿌려져 있어야 한다.
☐ **껍질** : 타르트 껍질의 두께가 균일하고 결이 있으며, 타르트 반죽의 옆면과 바닥 모두 고르게 밝은 갈색을 띠어야 한다.
☐ **내상** : 기공의 크기가 고르며, 섞이지 않은 재료 덩어리가 없어야 한다.
☐ **맛과 향** : 껍질은 바삭하고, 충전물은 부드러운 식감을 주고 조화를 이루며, 탄 냄새 및 생 재료 맛이 없어야 한다.

1_ 재료 계량 : 5분

가. 충전물을 제외하고 5분 이내에 재료 손
    실 없이 정확하게 계량한다. 충전물은 반
    죽을 휴지할 동안 계량한다.

2_ 전처리 작업

가. 가루재료(박력분)를 체에 내려 준비한다.

3_ 반죽 : 크림법, 최종반죽온도 20℃

가. 볼에 버터를 넣고 부드럽게 풀어준 후 설탕
    과 소금을 넣고 계속하여 부드럽게 푼다.

나. 달걀을 풀어 3번 이상 나누어 넣고 믹싱
    하여 부드러운 상태로 만든다.

다. 미리 체에 내린 가루재료(박력분)를 넣고
    U자로 가볍게 섞는다.

라. 반죽을 비닐에 담아 네모 납작하게 만든
    후 약 20~30분간 냉장고에서 휴지한다.

4_ 타르트 충전물 제조

가. 볼에 버터를 넣고 부드럽게 풀어준 후 설
    탕을 넣고 계속하여 부드럽게 푼다.

나. 달걀을 풀어 3번 이상 나누어 넣고 믹싱
    하여 부드러운 상태로 만든다.

다. 체에 내린 아몬드가루를 넣고 U자로 가볍
    게 섞어준 후 브랜디를 넣고 고루 섞는다.

5_ 성형 및 팬닝 : 타르트팬(10~
    12cm) 8개

가. 휴지시켜 둔 반죽을 다시 한 번 가볍게
    반죽한다.

나. 반죽을 적당량 잘라 3mm 두께로 밀어
    편 다음 밀대에 말아 타르트틀에 깔아 주
    고, 반죽을 틀에 밀착시켜 준다.

다. 타르트틀 밖으로 나온 여분 반죽은 틀 윗
    면에 밀대를 굴려 잘라내고, 포크를 이용
    하여 반죽 밑면에 다수의 구멍을 낸다.

라. 원형모양깍지를 끼운 짤주머니에 (4)의
    충전물을 담아 타르트틀의 60~70%의
    용적을 채울 수 있도록 달팽이 모양으로
    원형 테두리를 그리며 짠다.

마. 아몬드슬라이스를 고루 뿌린다.

6_ 굽기 : 윗불 180℃ 아랫불 180℃,
    시간 약 25~30분

가. 제품의 구워진 상태에 따라 온도를 조절
    하고, 색이 나면 팬을 돌려가며 바닥과
    옆면까지 고른 갈색이 나도록 굽는다.

7_ 광택제 제조 및 냉각

가. 애프리코트혼당과 물을 섞어 끓인다. 끓기 시작하면 중불로 줄이고 약 2분 정도 끓여 약간 되직한 상태로 만든다. 완성된 광택제를 상온에서 냉각한다.

나. 반죽이 다 구워지면 오븐에서 꺼낸 후 바로 (가)의 광택제를 붓을 이용하여 윗면에 고루 바른다.

다. 틀에 넣어있는 상태로 냉각한 후 틀을 제거한다.

<hr />

╼══TIP══╾

[타르트]

＊ 반죽과 충전물의 크림화를 과하게 하지 않아야 한다.

＊ 충전물을 너무 많이 채우면 굽는 과정에서 충전물이 넘칠 수 있으므로 주의한다.

[타르트 및 파이 제품 제조 시 주의사항]

＊ 블렌딩법 파이 반죽 시 밀가루에 유지를 넣고 자를 때 유지가 밀가루에 계속하여 감싸져 있는 상태로 진행되어야 유지가 녹지 않아 눅눅하지 않은 파이 생지를 완성할 수 있다.

＊ 가루를 넣고 과하게 반죽하면 글루텐이 생성되어 바삭하지 않은 파이가 되므로 주의한다.

＊ 완성된 반죽은 냉장 휴지를 반드시 거쳐야 반죽 속 가루재료에 수분이 골고루 퍼지고, 쇼트닝이 차갑게 유지되어 맛있는 파이 생지가 완성된다.

＊ 반죽을 밀고 팬닝할 때 바닥 두께가 더 두꺼워야 충전물을 받칠 수 있다. 또한, 밀어 편 반죽을 손으로 옮길 경우 반죽이 찢어질 수 있으므로 밀대에 감아 옮기는 것이 좋다.

＊ 반죽을 구운 후 뜨거운 상태에서 틀을 제거할 경우 파이 반죽이 찢어질 수 있다.

무화과 타르트

Fig Tarts

> 아몬드크림타르트는 타르트의 기본으로 윗면에 크림과 과일을 없는 등의 과정을 통해 판매용 제품으로 응용 가능합니다.

재료

완성된 타르트 3~4개

토핑용 재료

크림치즈 400g
설탕 120g
레몬즙 10g
생크림 480g
장식용 무화과 7개
나파주 30g

1. 타르트는 앞의 공정대로 제조하며, 아몬드슬라이스를 뿌리지 않은 채 구운 후 냉각한다.
2. 생크림을 단단하게 휘핑한다.
3. 크림치즈를 부드럽게 풀어준 후 설탕과 레몬즙을 넣고 믹싱한다.
4. (3)에 (2)의 생크림을 섞는다.
5. 냉각한 타르트 위에 완성된 크림을 볼록하게 바른다.
6. 장식용 무화과를 컷팅한 후 올리고 나파주를 바른다.

디저트(dessert)

디저트란 프랑스어로 '식사를 마치다', '식탁 위를 치우다'란 뜻의 'desservir'에서 유래된 용어이며, 식사 후에 식사를 즐겁게 끝내기 위하여 먹는 음식을 말하며, 앙트르메(entremets)로도 불린다.

이러한 디저트는 단맛(sweet), 풍미(savory), 과일(fruit)의 세 가지 요소를 포함하는 것을 기본으로 하며, 크게 차가운 디저트(앙트르메 프루아)와 따뜻한 디저트(앙트르메 쇼)로 분류된다. 차가운 디저트는 대표적으로 무스, 바바루아, 냉과, 아이스크림, 젤리 등이 속하며, 따뜻한 디저트에는 수플레, 그라탱 등이 속한다. 하지만 현재는 대부분의 디저트가 다양한 온도와 기법으로 만들어지고 있다.

호두파이
● Walnut Pie ●

시험시간	2시간 30분
공정법	블렌딩법
생산량	원형 파이팬(약 12~15cm, 지급된 사이즈 이용) 7개
준비물	평철판, 원형 파이팬, 밀대, 스크래퍼, 체, 볼, 주걱, 거품기, 비닐, 붓, 위생지, 비커, 분무기, 저울, 버너

파이는 고대 로마 시대부터 만들어 먹었던 것으로 추정되며, 그릇이라는 뜻과 같이 안에 넣는 충전물을 감싸는 용도로 만들어져 단단하면서도, 충전물과 어우러지게 만드는 것이 중요하다. 충전물은 견과류를 비롯하여 과일, 육류, 채소 등 다양하게 이용된다.

호두는 불포화지방산이 매우 풍부하여 항산화작용 및 노화방지, 두뇌건강에 유익한 식재료로, 베이커리에서 유용하게 이용되고 있다. 호두파이는 이러한 호두를 보다 맛있게 섭취할 수 있게 도와주는 제품이다.

재료	비율(%)	무게(g)
중력분	100	400
노른자	10	40
소금	1.5	6
설탕	3	12
생크림	12	48
버터	40	160
물	25	100
계	191.5	766

▶ 충전물 (충전용 재료는 계량시간에서 제외)

재료	비율(%)	무게(g)
호두	100	250
설탕	100	250
물엿	100	250
계피가루	1	2.5(2)
물	40	100
달걀	240	600
계	581	1,452.5(1,452)

요구사항

호두파이를 제조하여 제출하시오.

❶ 껍질 재료를 계량하여 재료별로 진열하시오(7분).
  - 재료계량(재료당 1분) → [감독위원 계량확인] → 작품제조 및 정리정돈(전체시험 시간−재료계량시간)
  - 재료계량 시간내에 계량을 완료하지 못하여 시간이 초과된 경우 및 계량을 잘못한 경우는 추가의 시간 부여 없이 작품제조 및 정리정돈 시간을 활용하여 요구사항의 무게대로 계량
  - 달걀의 계량은 감독위원이 지정하는 개수로 계량

❷ 껍질에 결이 있는 제품으로 손 반죽으로 제조하시오.
❸ 껍질 휴지는 냉장 온도에서 실시하시오.
❹ 충전물은 개인별로 각자 제조하시오(호두는 구워서 사용).
❺ 구운 후 충전물의 층이 선명하도록 제조하시오.
❻ 제시한 팬 7개에 맞는 껍질을 제조하시오(팬 크기가 다를 경우 크기에 따라 가감).
❼ 반죽은 전량을 사용하여 성형하시오.

제품 평가 기준

☐ **부피** : 충전물의 양이 적당하여, 완성된 제품에 부피감이 있어야 한다.
☐ **외부균형** : 모양이 찌그러지거나 솟아 있지 않고, 전체적으로 균형 잡힌 대칭을 이루어야 한다.
☐ **껍질** : 파이 껍질의 두께가 균일하고, 테두리 무늬가 선명하며, 파이 반죽의 옆면과 바닥 모두 고르게 밝은 갈색을 띠어야 한다. 그리고 충전물이 끓어 넘쳐 껍질이 젖어 눅눅하게 되지 않아야 한다.
☐ **내상** : 충전물이 고루 포진되어 있고, 기공의 크기가 고르며, 섞이지 않은 재료 덩어리가 없어야 한다.
☐ **맛과 향** : 껍질은 바삭하고, 충전물은 부드러운 식감을 주고 조화를 이루며, 탄 냄새 및 생 재료 맛이 없어야 한다.

제조공정

1_ 재료 계량 : 7분
가. 충전물을 제외하고 7분 이내에 재료 손실 없이 정확하게 계량한다. 충전물은 반죽을 휴지할 동안 계량한다.

2_ 전처리 작업
가. 가루재료(중력분)를 체에 내려 준비한다.
나. 호두를 오븐에 잠시 굽는다.

3_ 반죽 : 블렌딩법

가. 소금과 설탕을 혼합하여 냉수에 잘 녹이고 달걀노른자와 생크림을 섞는다.

나. 중력분을 작업대에 부은 후 버터를 올리고, 스크래퍼로 버터를 콩알 크기로 자른다.

다. (나)의 중앙에 홈을 파고 (가)를 부어준 후 홈 안쪽의 밀가루와 액체재료를 조금씩 섞어 한 덩어리의 반죽으로 만든다.

라. 반죽을 약 20~30분간 냉장 휴지한다.

4_ 파이 충전물 제조

가. 달걀을 볼에 담아 푼 뒤 설탕과 물엿을 넣고 중탕하여 녹인 후 체에 거른다.

나. 계핏가루를 물에 섞어 (가)에 혼합한다.

다. 반죽 위에 유산지를 덮어 거품을 없앤다.

5_ 성형 및 팬닝 : 제시된 원형 파이 팬(12~15cm) 7개

가. 반죽의 일부분을 잘라 3mm 두께로 밀어 편 다음 밀대에 말아 파이팬에 깔아 주고, 반죽을 팬에 밀착시켜 준다.

나. 파이팬 밖으로 나온 여분 반죽을 스크래퍼를 세워서 자른다.

다. 반죽의 테두리 부분을 반으로 접어 뾰족하게 세워준 후 양 손가락을 이용하여 ∧ 모양을 만들어준다.

라. 구운 호두를 파이 밑부분에 골고루 깔고 충전물을 비커에 담아 팬과 수평이 될 때까지 부어준다.

6_ 굽기 : 윗불 170℃ 아랫불 190℃, 시간 30~35분

가. 굽기 직전 파이에 분무기로 물을 뿌려 기포를 제거한다.

나. 파이 옆과 밑까지 균일한 황갈색이 나도록 굽는다.

7_ 냉각

가. 오븐에서 꺼내어 틀에 넣어있는 상태로 냉각시킨 후 틀을 제거한다.

피칸 & 크랜베리 파이
Pecan & Cranberry Pie

요즘 건강에 좋기로 유명한 피칸과 크랜베리를 이용하여 판매 가치를 높였습니다.

재료

호두파이 껍질 반죽 300g
피칸 200g
크랜베리 50g
레드와인 100ml

1. 피칸은 180℃ 예열한 오븐에 5분간 구워준다.

2. 크랜베리는 레드와인에 부드러워질 때까지 담가둔다.

3. 크랜베리가 부드러워지면 체를 이용하여 물기를 빼준다.

4. 호두파이와 공정이 같으며, 호두 대신에 피칸과 크랜베리를 혼합하여 이용한다.

TIP

＊ 충전물 제조 시 체에 거르지 않으면 중탕과정에서 생긴 달걀의 응고물이 남을 수 있다.

＊ 파이에 충전물을 너무 많이 부으면 굽는 과정에서 충전물이 넘칠 수 있으므로 주의한다.

＊ 충전물의 색이 빨리 나므로 윗불의 온도를 낮게 설정한다.

제빵 기능사

식빵류

식빵(비상스트레이트법), 우유식빵, 풀만식빵, 옥수수식빵, 밤식빵, 버터톱 식빵, 쌀식빵, 베이글

하드계열빵류

호밀빵, 통밀빵, 그리시니

단과자빵류

버터롤, 모카빵, 단과자빵(트위스트형), 단과자빵(소보로빵), 단과자빵(크림빵), 단팥빵(비상스트레이트법), 스위트롤, 소시지빵, 빵도넛

★ 위생상태 및 안전관리 세부기준 안내

순번	구분	세부기준	채점기준
1	위생복 상의	• 전체 흰색, 팔꿈치가 덮이는 길이 이상의 7부·9부·긴소매 위생복 　– 수험자 필요에 따라 흰색 팔토시 착용 가능 상의 여밈 단추 등은 위생복에 부착된 것이어야 함 　– 벨크로(일명 찍찍이), 단추 등의 크기, 색상, 모양, 재질은 제한하지 않음 • (금지) 기관 및 성명 등의 표시·마크·무늬 등 일체 표식, 금속성 부착물·뱃지·핀 등 식품 이물 부착, 팔꿈치 길이보다 짧은 소매, 부직포·비닐 등 화재에 취약한 재질	• (실격) 미착용이거나 평상복인 경우 　– 흰티셔츠·와이셔츠, 패션모자(흰털모자, 비니, 야구모자 등)는 실격 　– 위생복 상·하의, 위생모, 마스크 중 1개라도 미착용 시 실격 • (위생 0점) 금지 사항 및 기준 부적합 　– 위생복장 색상 미준수, 일부 무늬가 있거나 유색·표식이 가려지지 않는 경우, 기관 및 성명 등 표식 　– 식품 가공용이 아닌 복장 등(화재에 취약한 재질 및 실험복 형태의 영양사·실험용 가운은 위생 0점) 　– 반바지·치마, 폭넓은 바지 등 　– 위생모가 뚫려있어 머리카락이 보이거나, 수건 등으로 감싸 바느질 마감처리가 되어있지 않고 풀어지기 쉬워 작업용으로 부적합한 경우 등
2	위생복 하의 (앞치마)	• 「(색상 무관) 평상복 긴바지 + 흰색 앞치마」또는「흰색 긴바지 위생복」 　– 평상복 긴바지 착용 시 긴바지의 색상·재질은 제한이 없으나, 안전사고 예방을 위해 맨살이 드러나지 않는 길이의 긴바지여야 함 　– 흰색 앞치마 착용 시 앞치마 길이는 무릎 아래까지 덮이는 길이일 것, 상하일체형(목끈형) 가능 • (금지) 기관 및 성명 등의 표시·마크·무늬 등 일체 표식, 금속성 부착물·뱃지·핀 등 식품 이물 부착, 반바지·치마·폭넓은 바지 등 안전과 작업에 방해가 되는 복장, 부직포·비닐 등 화재에 취약한 재질	
3	위생모	• 전체 흰색, 빈틈이 없고 일반 식품 가공 시 사용되는 위생모 　– 크기, 길이, 재질(면, 부직포 등 가능) 제한 없음 • (금지) 기관 및 성명 등의 표시·마크·무늬 등 일체 표식, 금속성 부착물·뱃지 등 식품 이물 부착(단, 위생모 고정용 머리핀은 사용 가능) 바느질 마감처리가 되어 있지 않은 흰색 머릿수건(손수건)은 머리카락 및 이물에 의한 오염 방지를 위해 착용 금지	
4	마스크 (입가리개)	• 침액 오염 방지용으로, 종류(색상, 크기, 재질 무관) 등은 제한하지 않음 　– '투명 위생 플라스틱 입가리개'허용	
5	위생화 (작업화)	• 위생화, 작업화, 조리화, 운동화 등(색상 무관) 　– 단, 발가락, 발등, 발뒤꿈치가 모두 덮일 것 (금지) 기관 및 성명 등의 표시, 미끄러짐 및 화상의 위험이 있는 슬리퍼류, 작업에 방해가 되는 굽이 높은 구두, 속굽 있는 운동화	
6	장신구	• (금지) 장신구(단, 위생모 고정용 머리핀은 사용 가능) 　– 손목시계, 반지, 귀걸이, 목걸이, 팔찌 등 이물, 교차오염 등의 위험이 있는 장신구일체 금지	
7	두발	• 단정하고 청결할 것, 머리카락이 길 경우 흘러내리지 않도록 머리망을 착용하거나 묶을 것	• (위생 0점) 금지 사항 및 기준 부적합
8	손 / 손톱	• 손에 상처가 없어야 하나, 상처가 있을 경우 식품용 장갑 등을 사용하여 상처가 노출되지 않도록 할 것(시험위원 확인 하에 추가 조치 가능), 손톱은 길지 않고 청결해야 함 • (금지) 매니큐어, 인조손톱 등	
9	위생관리	• 작업 과정은 위생적이어야 하며, 도구는 식품 가공용으로 적합해야 함 • 장갑 착용 시 용도에 맞도록 구분하여 사용할 것 　(예시) 설거지용과 작품 제조용은 구분하여 사용해야 함, 위반 시 위생 0점 처리 • 위생복 상의, 앞치마, 위생모의 개인 이름·소속 등의 표식 제거는 테이프를 부착하여 가릴 수 있음 • 식품과 직접 닿는 조리도구 부분에 이물질(예: 테이프)을 부착하지 않을 것 • 눈금 표시된 조리기구 사용 허용(단, 눈금표시를 하나씩 재어가며 재료를 쓰는 등 감독위원이 작업이 미숙하다고 판단할 경우 작업 전반 숙련도 부분 감점될 수 있음에 유의)	
10	안전사고 발생 처리	• 칼 사용(손 빔) 등으로 안전사고 발생 시 응급조치를 하여야 하며, 응급조치에도 지혈이 되지 않을 경우 시험 진행 불가	

※ 위 기준 외 일반적인 개인위생, 식품위생, 작업장 위생, 안전관리를 준수하지 않을 경우 감점 처리될 수 있습니다.

※ 시험장내 모든 개인물품에는 기관 및 성명 등의 표시가 없어야 합니다.

★ 수험자 유의사항 안내

1. 항목별 배점은 제조공정 55점, 제품평가 45점이며, 요구사항 외의 제조방법 및 채점기준은 비공개입니다.
2. 시험시간은 재료 전처리 및 계량시간, 제조, 정리정돈 등 모든 작업과정이 포함된 시간입니다.
3. 수험자 인적사항은 검은색 필기구만 사용하여야 합니다. 그 외 연필류, 유색 필기구, 지워지는 펜 등은 사용이 금지됩니다.
4. 시험 전과정 위생수칙을 준수하고 안전사고 예방에 유의합니다.

> • 시작 전 간단한 가벼운 몸 풀기(스트레칭) 운동을 실시한 후 시험을 시작하십시오.
> • 위생복장의 상태 및 개인위생(장신구, 두발·손톱의 청결 상태, 손씻기 등)의 불량 및 정리 정돈 미흡 시 위생항목 감점처리 됩니다.

5. 다음 사항은 실격에 해당하여 채점 대상에서 제외됩니다.
   - 수험자 본인이 수험 도중 시험에 대한 포기 의사를 표현하는 경우
   - 위생복 상의, 위생복 하의(또는 앞치마), 위생모, 마스크 중 1개라도 착용하지 않은 경우
   - 시험시간 내에 작품을 제출하지 못한 경우
   - 수량(미달), 모양을 준수하지 않았을 경우

> • 지정된 수량 초과, 과다 생산의 경우는 총점에서 10점을 감점합니다.
> • 수량은 시험장 팬의 크기 등에 따라 감독위원이 조정하여 지정할 수 있으며, 잔여 반죽은 감독위원의 지시에 따라 별도로 제출하시오.
> (단, 'O개 이상'으로 표기된 과제는 제외합니다.)
> • 반죽 제조법(공립법, 별립법, 시퐁법 등)을 준수하지 않은 경우는 제조공정에서 반죽 제조 항목(과제별 배점 5~6점 정도)을 0점 처리하고, 총점에서 10점을 추가 감점합니다.

   - 상품성이 없을 정도로 타거나 익지 않은 경우
   - 지급된 재료 이외의 재료를 사용한 경우
   - 시험 중 시설·장비의 조작 또는 재료의 취급이 미숙하여 위해를 일으킬 것으로 감독위원 전원이 합의하여 판단한 경우
6. 의문 사항이 있으면 감독위원에게 문의하고, 감독위원의 지시에 따릅니다.

★ 특이사항

1. 시험장별 재료 계량용 저울의 눈금 표기가 상이하여(짝수/홀수), 배합표의 표기를 "홀수(짝수)" 또는 "소수점(정수)"의 형태로 병행 표기하여 기재합니다.
   - 시험장의 저울 눈금표시 단위에 맞추어 시험장 감독위원의 지시에 따라 올림 또는 내림으로 계량할 수 있음을 참고하시기 바랍니다.
   - 시험장의 저울을 사용하거나, 수험자가 개별로 지참한 저울을 사용하여 계량합니다(저울은 수험자 선택사항으로 필요 시 지참).
2. 배합표에 비율(%) 60~65, 무게(g) 600~650과 같이 표기된 과제는 반죽의 상태에 따라 수험자가 물의 양을 조정하여 제조합니다.
3. 제과기능사, 제빵기능사 실기시험의 전체 과제는 '반죽기(믹서) 사용 또는 수작업 반죽(믹싱)'이 모두 가능함을 참고하시기 바랍니다(마데라 컵 케이크, 초코 머핀 등의 과제는 수험자 선택에 따라 수작업 믹싱도 가능).

   - 단, 요구사항에 반죽 방법(수작업)이 명시된 과제는 요구사항을 따라야 합니다.
4. 시험장에는 시간을 확인할 수 있는 공용시계가 구비되어 있으며, 시험시간의 종료는 공용시계를 기준으로 합니다. 만약, 수험자 개인 용도의 시계, 타이머를 지참하여 사용하고나 할 경우, 아래 사항에 유의하시기 바랍니다.
   - 손목시계 착용 시 "장신구"에 해당하여 위생부분이 감점되므로 사용하지 않습니다.
   - 탁상용 시계를 제조과정 중 재료 및 도구와 접촉시키는 등 비위생적으로 관리할 경우 위생부분 감점되므로, 유의합니다. 또한 시험시간은 공용시계를 기준으로 하므로 개인이 지참한 시계는 시험시간의 기준이 될 수 없음을 유념하시기 바랍니다.
   - 타이머는 소리알람(진동)이 발생하지 않도록 "무음 및 무진동"으로 설정하여 사용합니다(다른 수험자에게 피해가 될 수 있으므로 특히 주의).
   - 개인이 지참한 시계, 타이머에 의하여 소리알람(진동)이 발생하여 시험진행에 방해가 될 경우, 본부요원 및 감독위원은 수험자에게 개별적인 시계, 타이머 사용을 금지시킬 수 있습니다.

★ 지참준비물 목록

1. 계산기 1EA(휴대용, 필요 시 지참)
2. 고무주걱 1EA(중, 제과용)
3. 국자 1EA(소)
4. 나무주걱 1EA(제과용, 중형)
5. 마스크 1EA(일반용, 미착용시 실격)
6. 보자기 1장(면, 60×60cm)
7. 분무기 1EA(제과제빵용)
8. 붓 1EA(제과제빵용)
9. 스쿱 1EA(재료계량용)
   ※ 재료계량 용도의 소도구 지참(스쿱, 계량컵, 주걱, 국자, 쟁반, 기타 용기 등 사용가능)
10. 오븐장갑 1켤레(제과제빵용)
11. 온도계 1EA(제과제빵용, 유리제품제외)
12. 용기 1EA(스텐 또는 플라스틱, 소형)
    ※ 스테인리스볼, 플라스틱용기 등 필요 시 지참(수량 제한 없음)
13. 위생모 1EA(흰색) ※ 상세안내 참조
14. 위생복 1벌(흰색(상하의)) ※ 상세안내 참조
15. 자 1EA(문방구용, 30~50cm)
16. 작업화 1EA ※ 상세안내 참조
17. 저울 1대(조리용)
    ※ 시험장에 저울 구비되어 있음, 수험자 선택사항으로 개인용 필요 시 지참, 측정단위 1g 또는 2g, 크기 및 색깔 등의 제한 없음, 제과용 및 조리용으로 적합한 저울 일 것
18. 주걱 1EA(제빵용, 소형)
19. 짤주머니 1EA
    ※ 모양깍지는 검정장시설별로 별, 원형, 납작톱니 모양이 구비되어 있으나, 수험생 별도 지참도 가능합니다.
20. 칼 1EA(조리용)
21. 행주 1EA(면)
22. 흑색볼펜 1EA(사무용)

식빵
비상 스트레이 트법
● White Pan Bread ●

시험시간	2시간 40분
공정법	비상스트레이트법
형태	삼봉형
준비물	볼, 스크래퍼, 주걱, 비닐, 밀대, 온도계, 식빵팬

일반적으로 식빵은 틀에 구운 흰 빵을 의미한다.

이러한 식빵은 크게 영국형과 미국형으로 분류할 수 있는데, 영국형 식빵은 빵을 자연스럽게 부풀려 산봉우리 같은 볼록한 형태로 만들며, 미국형 식빵은 뚜껑이 있는 틀에 넣고 구워 평평한 형태로 완성된다.

비상스트레이트법은 기계 고장 등의 작업 차질 또는 급작스러운 제품 주문 등의 비상 상황에 배합을 달리하여 전체적인 공정시간을 단축하는 방법이다. 이를 위하여 반죽시간의 20~25% 증가, 반죽온도 30~31℃로 증가, 1차 발효시간의 단축, 물(가수량) 1% 증가, 설탕 1% 감소, 이스트 2배 증가의 조치사항을 실행한다.

배합표

재료	비율(%)	무게(g)
강력분	100	1,200
물	63	756
이스트	5	60
제빵개량제	2	24
설탕	5	60
쇼트닝	4	48
탈지분유	3	36
소금	1.8	21.6(22)
계	183.8	2,205.6(2,206)

요구사항

식빵(비상스트레이트법)을 제조하여 제출하시오.

❶ 배합표의 각 재료를 계량하여 재료별로 진열하시오(**8분**).
 · 재료계량(재료당 1분) → [감독위원 계량확인] → 작품제조 및 정리정돈(전체시험 시간−재료계량시간)
 · 재료계량 시간내에 계량을 완료하지 못하여 시간이 초과된 경우 및 계량을 잘못한 경우는 추가의 시간 부여 없이 작품제조 및 정리정돈 시간을 활용하여 요구사항의 무게대로 계량
 · 달걀의 계량은 감독위원이 지정하는 개수로 계량

❷ **비상스트레이트법** 공정에 의해 제조하시오(반죽온도는 **30℃**로 한다).

❸ 표준분할무게는 **170g**으로 하고, 제시된 팬의 용량을 감안하여 결정하시오(단, **분할무게×3을 1개의 식빵**으로 함).

❹ 반죽은 **전량**을 사용하여 성형하시오.

제품 평가 기준

☐ **부피** : 분할무게와 비교해 부피가 알맞고 균일해야 한다.
☐ **외부균형** : 모양이 찌그러짐 없이 균형 잡힌 대칭을 이루어야 한다.
☐ **껍질** : 얇고 부드러우며 윗면뿐 아니라 옆과 밑면까지 전체적으로 고른 황갈색을 띠고 반점과 줄무늬가 없어야 한다.
☐ **내상** : 기공과 조직의 크기가 고르고 부드러워야 하며 조밀하지 않고 밝은색을 띠어야 한다.
☐ **맛과 향** : 씹는 촉감이 부드럽고 끈적거리지 않으며, 온화한 발효향이 나고, 탄 냄새나 생 재료 맛이 나서는 안 된다.

제조공정

1_ 재료 계량 : 8분

가. 8분 이내에 재료를 손실 없이 정확하게 계량한다.

2_ 반죽 : 비상스트레이트법(최종 단계후기 120%), 최종반죽온도 30℃

가. 믹싱볼에 유지를 제외한 재료를 모두 넣고 저속으로 혼합하다, 한 덩어리가 되면 중속으로 클린업 단계까지 믹싱한다.

나. 클린업 단계가 되면 유지를 넣고 저속 또는 중속으로 섞어준 후 고속으로 최종단계후기(120%)까지 믹싱한다.

다. 최종반죽온도를 확인한다.

3_ 1차 발효 : 온도 30℃, 습도 75~80%, 시간 15~30분

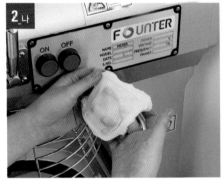

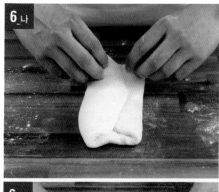

가. 반죽을 둥글게 말아 볼에 담고, 표면에 비닐을 덮어 30분간 발효한다. 처음 부피의 2배, 밀가루를 묻힌 손가락으로 찔렀을 때 손가락 자국이 살짝 오므라들다 멈춘 상태까지 발효한다.

4_ 분할 및 둥글리기 : 170g × 12개

가. 스크래퍼를 이용하여 170g씩 분할한다.

나. 표면을 매끄럽게 둥글리기한다.

5_ 중간발효 : 실온, 10~15분

가. 표피가 마르지 않도록 비닐을 덮어 실온에서 중간발효한다.

6_ 성형 : 3겹 접기

가. 작업대 바닥에 덧가루를 살짝 뿌리고 밀대를 이용하여 반죽의 가스를 빼가며 타원형으로 균일하게 민다.

나. 반죽을 뒤집은 후 길게 3겹 접기를 하고, 좌우대칭을 맞추며 이불을 말듯 반죽을 만든다.

다. 이음매를 잘 봉한다.

7_ 팬닝 : 1 식빵팬 × 3개씩(삼봉형), 총 4 식빵팬

가. 반죽의 이음매를 아래쪽으로 하여 한 식빵팬에 3개의 반죽을 넣는다. 양 옆을 먼저 채우고, 가운데를 마지막에 채운다.

나. 바닥 면이 평평해지고 윗면이 균일한 높이가 되도록 주먹으로 가볍게 누른다.

다. 평철판에 식빵팬을 일정한 간격을 두고 놓는다.

8_ 2차 발효 : 온도 35~38℃, 습도 85~90%, 시간 30~40분

가. 반죽이 식빵 틀 높이와 동일하거나 0.5cm 정도 위로 올라온 상태까지 발효한다.

9_ 굽기 : 윗불 160~170℃ 아랫불 190℃, 시간 30~35분

가. 제품의 구워진 상태에 따라 온도를 조절하고, 팬을 돌려가며 균일한 황갈색이 나도록 굽는다.

10_냉각

가. 구워진 반죽을 타공팬에 옮겨 냉각한다.

TIP

＊ 비상스트레이트법은 다른 제품과 비교하여 믹싱은 길게, 발효는 짧게 진행하여 시간을 단축한다.

＊ 비상스트레이트법은 이스트의 양이 많아 발효가 빨리 진행되므로, 발효 정도를 잘 확인하여야 한다.

러스크

Rusk

🥣 비상스트레이트법 특성상 노화 속도가 빨라 바삭한 식감이
특징인 러스크로 응용하였습니다.

🍞 재료

식빵 1/3개
버터 70g
꿀 50g
시나몬파우더 3g

1. 식빵은 슬라이스 한 후 2~3cm 두께로 길게 썰어 준비한다.

2. 버터는 전자레인지에 녹이고, 꿀과 시나몬파우더를 섞어 러스크소스를 만든다.

3. 식빵에 러스크소스를 붓으로 골고루 바른다.

4. 180℃ 오븐에서 10~15분 정도 굽는다.

TIP 취향에 따라 러스크소스를 바른 후 다진 견과류를 뿌려 굽는다.

우유식빵
● Milk White Pan Bread ●

시험시간	3시간 40분
공정법	스트레이트법
생산량	4개
형태	삼봉형
준비물	볼, 비닐, 식빵팬, 주걱, 스크래퍼, 밀대, 온도계

우유식빵은 본 반죽에서 물 대신 우유를 넣어 만든 부드럽고 촉촉한 식빵으로, 기본 식빵보다 달걀, 우유, 버터가 많은 비율로 첨가되어 맛이 더욱 좋아 모든 식빵 만들기의 기본 레시피가 되고 있다.
우리나라에서 인기 있는 식빵으로 베이커리에서 흔히 볼 수 있는 품목이다.

배합표

재료	비율(%)	무게(g)
강력분	100	1,200
우유	40	480
물	29	348
이스트	4	48
제빵개량제	1	12
소금	2	24
설탕	5	60
쇼트닝	4	48
계	185	2,220

요구사항

우유식빵을 제조하여 제출하시오.

❶ 배합표의 각 재료를 계량하여 재료별로 진열하시오(**8분**).
- 재료계량(재료당 1분) → [감독위원 계량확인] → 작품제조 및 정리정돈(전체시험 시간−재료계량시간)
- 재료계량 시간내에 계량을 완료하지 못하여 시간이 초과된 경우 및 계량을 잘못한 경우는 추가의 시간 부여 없이 작품제조 및 정리정돈 시간을 활용하여 요구사항의 무게대로 계량
- 달걀의 계량은 감독위원이 지정하는 개수로 계량

❷ 반죽은 **스트레이트법**으로 제조하시오(단, **유지는 클린업 단계에 첨가**하시오).

❸ 반죽온도는 **27℃**를 표준으로 하시오.

❹ 표준분할무게는 **180g**으로 하고, 제시된 팬의 용량을 감안하여 결정하시오(단, **분할무게×3을 1개의 식빵**으로 함).

❺ 반죽은 **전량**을 사용하여 성형하시오.

제품 평가 기준

☐ **부피** : 분할무게와 비교해 부피가 알맞고 균일해야 한다.

☐ **외부균형** : 모양이 찌그러짐 없이 균형 잡힌 대칭을 이루어야 한다.

☐ **껍질** : 얇고 부드러우며 윗면뿐 아니라 옆과 밑면까지 전체적으로 고른 황갈색을 띠고 반점과 줄무늬가 없어야 한다.

☐ **내상** : 기공과 조직의 크기가 고르고 부드러워야 하며 조밀하지 않고 밝은색을 띠어야 한다.

☐ **맛과 향** : 씹는 촉감이 부드럽고 끈적거리지 않고 우유의 맛과 은은한 향이 나야 하며 탄 냄새, 생 재료 맛이 없어야 한다.

제조공정

1_ 재료 계량 : 8분

가. 8분 이내에 재료를 손실 없이 정확하게 계량한다.

2_ 반죽 : 스트레이트법(최종단계 100%), 최종반죽온도 27℃

가. 믹싱볼에 유지를 제외한 재료를 모두 넣고 저속으로 혼합하다, 한 덩어리가 되면 중속으로 클린업 단계까지 믹싱한다.

나. 클린업 단계가 되면 유지를 넣고 저속 또는 중속으로 섞어준 후 고속으로 최종단계(100%)까지 믹싱한다.

다. 최종반죽온도를 확인한다.

3_ 1차 발효 : 온도 27℃, 습도 75~80%, 시간 60~70분

가. 반죽을 둥글게 말아 볼에 담고, 표면에

비닐을 덮어 60~70분간 발효한다. 처음 부피의 3배, 밀가루를 묻힌 손가락으로 찔렀을 때 손가락 자국이 살짝 오므라들다 멈춘 상태까지 발효한다.

4_ 분할 및 둥글리기 : 180g × 12개

가. 스크래퍼를 이용하여 180g씩 분할한다.

나. 표면을 매끄럽게 둥글리기한다.

5_ 중간발효 : 실온 10~15분

가. 표피가 마르지 않도록 비닐을 덮어 실온에서 중간발효한다.

6_ 성형 : 3겹 접기

가. 작업대 바닥에 덧가루를 살짝 뿌리고 밀대를 이용하여 반죽의 가스를 빼가며 타원형으로 균일하게 민다.

나. 반죽을 뒤집은 후 길게 3겹 접기를 하고, 좌우대칭을 맞추며 이불을 말듯 반죽을 만다.

다. 이음매를 잘 봉한다.

7_ 팬닝 : 1 식빵팬 × 3개씩(삼봉형), 총 4 식빵팬

가. 반죽의 이음매를 아래쪽으로 하여 한 식빵팬에 3개의 반죽을 넣는다. 양옆을 먼저 채우고, 가운데를 마지막에 채운다.

나. 바닥 면이 평평해지고 윗면이 균일한 높이가 되도록 주먹으로 가볍게 누른다.

다. 평철판에 식빵팬을 일정한 간격을 두고 놓는다.

8_ 2차 발효 : 온도 35~38℃, 습도 85~90%, 시간 40~50분

가. 식빵팬 높이보다 반죽이 0.5~1cm 정도 위로 올라온 상태까지 발효한다.

9_ 굽기 : 윗불 160~170℃ 아랫불 190℃, 시간 30~35분

가. 제품의 구워진 상태에 따라 온도를 조절하고, 팬을 돌려가며 균일한 황갈색이 나도록 굽는다.

10_ 냉각

가. 구워진 반죽을 타공팬에 옮겨 냉각한다.

TIP

* 우유식빵은 우유 단백질로 인해 반죽의 힘이 강해져 다른 제품과 비교하여 반죽 시간이 오래 걸린다.

* 우유의 유당으로 인해 굽기 과정 중 색이 진하게 나올 수 있으므로 색에 유의하여 온도를 조절하며 굽는다.

프렌치 토스트
French Toast

우유와 달걀에 푹 담가 우유식빵의 부드럽고 고소한 맛에 상승 효과를 줍니다.

재료

슬라이스한 식빵 4장
달걀 3개
우유 100g
설탕 15g
버터 20g
시나몬파우더 2g
식용유 약간

1. 식빵은 얇게 슬라이스하고 삼각형이나 사각형으로 잘라 준비한다.

2. 볼에 달걀, 우유, 설탕, 시나몬파우더를 섞어 달걀물을 만든다.

3. 식빵을 (2)의 달걀물에 담가 골고루 흡수시킨다.

4. 프라이팬에 식용유를 약간 두르고 식빵을 구워 주다 마지막에 버터를 넣어 녹인다. 이때 더욱 예쁜 색을 위해 설탕을 뿌려 굽는다.

풀만식빵
◎ Pulman Bread ◎

시험시간	3시간 40분
공정법	스트레이트법
생산량	5개
형태	사각식빵형
준비물	볼, 비닐, 주걱, 스크래퍼, 뚜껑이 있는 식빵팬, 밀대, 온도계

풀만식빵은 19세기 발명가인 조지 풀만이 만든 기차와 모양이 비슷하다. 풀만기차는 식당칸 공간 활용도를 높이기 위해 네모반듯한 모양을 하고 있는데 이를 본따 만든 식빵틀로 만들었다 해서 풀만식빵이라고 불렀다. 샌드위치나 토스트 식빵으로 많이 이용되고 있다.

배합표

재료	비율(%)	무게(g)
강력분	100	1,400
물	58	812
이스트	4	56
제빵개량제	1	14
소금	2	28
설탕	6	84
쇼트닝	4	56
달걀	5	70
분유	3	42
계	183	2,562

요구사항

풀만식빵을 제조하여 제출하시오.

❶ 배합표의 각 재료를 계량하여 재료별로 진열하시오(**9분**).
  - 재료계량(재료당 1분) → [감독위원 계량확인] → 작품제조 및 정리정돈(전체시험 시간−재료계량시간)
  - 재료계량 시간내에 계량을 완료하지 못하여 시간이 초과된 경우 및 계량을 잘못한 경우는 추가의 시간 부여 없이 작품제조 및 정리정돈 시간을 활용하여 요구사항의 무게대로 계량
  - 달걀의 계량은 감독위원이 지정하는 개수로 계량

❷ 반죽은 **스트레이트법**으로 제조하시오(단, **유지는 클린업 단계에 첨가**하시오).

❸ 반죽온도는 **27℃**를 표준으로 하시오.

❹ 표준분할무게는 **250g**으로 하고, 제시된 팬의 용량을 감안하여 결정하시오(단, **분할무게×2를 1개의 식빵**으로 함).

❺ 반죽은 **전량**을 사용하여 성형하시오.

제품 평가 기준

☐ **부피** : 분할무게와 비교해 부피가 알맞고 균일해야 한다. 발효가 모자라 빵의 모서리가 둥글게 완성되거나 발효가 지나쳐 틀 밖으로 반죽이 넘치거나 조밀한 조직이 형성되면 안 된다.

☐ **외부균형** : 주저앉거나 찌그러짐이 없이 균일한 모양으로 대칭을 이루어야 한다.

☐ **껍질** : 얇고 부드러우며 부위별로 고른 황금 갈색을 띠고 반점과 줄무늬가 없어야 한다.

☐ **내상** : 줄무늬나 큰 기공과 조직의 크기가 균일해야 하며, 발효가 지나쳐 윗면이 조밀하면 안 된다. 또한, 밝은색을 띠어야 한다.

☐ **맛과 향** : 씹는 촉감이 부드럽고 끈적거리지 않으며 은은한 발효향이 조화로워야 한다. 탄 냄새나 생 재료 맛이 나서는 안 된다.

제조공정

1. 재료 계량 : 9분

가. 9분 이내에 재료를 손실 없이 정확하게 계량한다.

2. 반죽 : 스트레이트법(최종단계 100%), 최종반죽온도 27℃

가. 믹싱볼에 유지를 제외한 재료를 모두 넣고 저속으로 혼합하다, 한 덩어리가 되면 중속으로 클린업 단계까지 믹싱한다.

나. 클린업 단계가 되면 유지를 조금씩 넣고 저속 또는 중속으로 섞어준 후 고속으로 최종단계(100%)까지 믹싱한다.

다. 최종반죽온도를 확인한다.

3. 1차 발효 : 온도 27℃, 습도 75~80%, 시간 60~70분

가. 반죽을 둥글게 말아 볼에 담고, 표면에

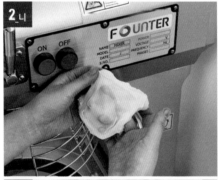

6_나

6_나

6_다

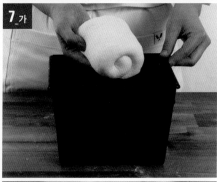
7_가

7_나

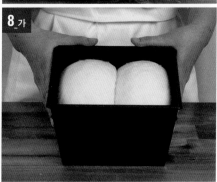
8_가

9_가

비닐을 덮어 60~70분간 발효한다. 처음 부피의 3배, 밀가루를 묻힌 손가락으로 찔렀을 때 손가락 자국이 살짝 오므라들다 멈춘 상태까지 발효한다.

4_ 분할 및 둥글리기 : 250g × 10개
가. 스크래퍼를 이용하여 250g씩 분할한다.
나. 표면을 매끄럽게 둥글리기한다.

5_ 중간발효 : 실온 10~15분
가. 표피가 마르지 않도록 비닐을 덮어 실온에서 중간발효한다.

6_ 성형 : 3겹 접기
가. 작업대 바닥에 덧가루를 살짝 뿌리고 밀대를 이용하여 반죽의 가스를 빼가며 타원형으로 균일하게 민다.
나. 반죽을 뒤집은 후 길게 3겹 접기를 하고, 좌우대칭을 맞추며 이불을 말듯 반죽을 만다.
다. 이음매를 잘 봉한다.

7_ 팬닝 : 1 식빵팬 × 2개씩(사각식빵형), 총 5 식빵팬
가. 반죽의 이음매를 아래쪽으로 하여 한 식빵팬에 2개의 반죽을 넣는다.
나. 바닥 면이 평평해지고 윗면이 균일한 높이가 되도록 주먹으로 가볍게 누른다.
다. 평철판에 식빵팬을 일정한 간격을 두고 놓는다.

8_ 2차 발효 : 온도 35~38℃, 습도 85~90%, 시간 30~40분
가. 뚜껑을 덮어 굽기 때문에 오븐 팽창이 강하게 일어나므로 식빵팬 높이보다 반죽이 1cm 정도 적게 올라온 상태(약 80% 상태)까지 발효한다.

9_ 굽기 : 윗불 190℃ 아랫불 190℃, 시간 30~40분
가. 오븐에 넣기 전 뚜껑을 씌운다.
나. 제품의 구워진 상태에 따라 온도를 조절하고, 팬을 돌려가며 균일한 황갈색이 나도록 굽는다.

10_냉각
가. 구워진 반죽을 타공팬에 옮겨 냉각한다.

TIP

* 풀만식빵틀은 보통 식빵틀보다 폭이 넓고 높이가 높은 대신, 길이가 짧으므로 보통 식빵보다 조금 크게 분할해야 한다.
* 풀만식빵의 2차 발효가 80% 이하일 경우 반죽이 팬에 차지 않는 둥근 모서리가 형성되며, 발효가 80% 이상일 경우 반죽이 팬 뚜껑 밖으로 나오며 둥글고 조밀한 윗면 조직이 형성된다.
* 풀만식빵틀에는 뚜껑이 있으므로 일반 식빵보다 윗불의 온도를 높게 설정하며, 색을 확인할 수 없으므로 일반 식빵보다 5~10분 정도 더 굽는다.

허니 토스트

Honey Toast

사각형 모양의 특징을 살려 허니 토스트로 응용할 수 있습니다.

재료

풀만식빵 1개
꿀 30g
연유 30g
버터 60g
휘핑 생크림
슈가파우더 약간
초코시럽 적당량
아이스크림 1스쿱
장식용 과일
민트 잎 약간

1. 풀만식빵은 통으로 반으로 잘라주고 식빵에 칼집을 낸다.

2. 전자레인지에서 버터를 녹이고 꿀과 연유를 넣어 섞어준 뒤 칼집 사이사이에 뿌린다.

3. 180℃ 오븐에서 20~25분 굽는다.

4. 완성된 허니토스트를 접시에 담은 뒤 아이스크림이나 휘핑 생크림을 짜주고, 초코시럽과 슈가파우더를 뿌려 완성한다(기호에 따라 생과일을 올려 장식한다).

옥수수식빵
◎ Corn Pan Bread ◎

시험시간	3시간 40분
공정법	스트레이트법
생산량	4개
형태	삼봉형
준비물	볼, 스크래퍼, 주걱, 비닐, 밀대, 온도계, 식빵팬

옥수수식빵은 옥수수가루 20% 이상을 넣어 만든 식빵이다. 일반 식빵에 비해 글루텐 함량이 적어 쫄깃거리는 질감이 덜하지만, 고소한 맛을 가지는 게 특징이다. 우리나라에서는 옥수수를 이용하여 만든 빵들을 베이커리 매장에서 흔히 찾을 수 있다.

배합표

재료	비율(%)	무게(g)
강력분	80	960
옥수수분말	20	240
물	60	720
이스트	3	36
제빵개량제	1	12
소금	2	24
설탕	8	96
쇼트닝	7	84
탈지분유	3	36
달걀	5	60
계	189	2,268

요구사항

옥수수식빵을 제조하여 제출하시오.

❶ 배합표의 각 재료를 계량하여 재료별로 진열하시오(**10분**).
- 재료계량(재료당 1분) → [감독위원 계량확인] → 작품제조 및 정리정돈(전체시험 시간–재료계량시간)
- 재료계량 시간내에 계량을 완료하지 못하여 시간이 초과된 경우 및 계량을 잘못한 경우는 추가의 시간 부여 없이 작품제조 및 정리정돈 시간을 활용하여 요구사항의 무게대로 계량
- 달걀의 계량은 감독위원이 지정하는 개수로 계량

❷ 반죽은 **스트레이트법**으로 제조하시오(단, **유지는 클린업 단계에서 첨가**하시오).

❸ 반죽온도는 **27℃**를 표준으로 하시오.

❹ 표준분할무게는 **180g**으로 하고, 제시된 팬의 용량을 감안하여 결정하시오(단, **분할무게 × 3을 1개의 식빵**으로 함).

❺ 반죽은 **전량**을 사용하여 성형하시오.

제품 평가 기준

☐ **부피** : 분할무게와 비교해 부피가 안맞고 균일해야 한다.

☐ **외부균형** : 모양이 찌그러짐 없이 균형 잡힌 대칭을 이루어야 한다.

☐ **껍질** : 얇고 부드러우며 윗면뿐 아니라 옆면과 밑면까지 전체적으로 고른 황갈색을 띠고 반점과 줄무늬가 없어야 한다.

☐ **내상** : 기공과 조직의 크기가 고르고 부드러워야 하며 옥수수의 노란색이 연하게 나타나야 한다.

☐ **맛과 향** : 씹는 촉감이 부드럽고 끈적거리지 않으며, 옥수수의 구수한 맛과 향이 조화롭고 탄 냄새나 생 재료 맛이 나면 안 된다.

제조공정

1_ 재료 계량 : 10분

가. 10분 이내에 재료를 손실 없이 정확하게 계량한다.

2_ 반죽 : 스트레이트법(발전단계후기 90%), 최종반죽온도 27℃

가. 믹싱볼에 유지를 제외한 재료를 모두 넣고 저속으로 혼합하다, 한 덩어리가 되면 중속으로 클린업 단계까지 믹싱한다.

나. 클린업 단계가 되면 유지를 넣고 저속 또는 중속으로 섞어준 후 고속으로 발전단계후기(90%)까지 믹싱한다.

다. 최종반죽온도를 확인한다.

3_ 1차 발효 : 온도 27℃, 습도 75~80%, 시간 60~80분

가. 반죽을 둥글게 말아 볼에 담고, 표면에

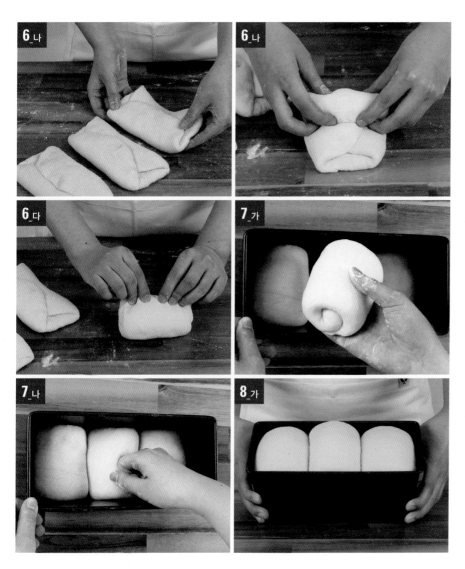

비닐을 덮어 60~80분간 발효한다. 처음
부피의 3배, 밀가루를 묻힌 손가락으로
찔렀을 때 손가락 자국이 살짝 오므라들
다 멈춘 상태까지 발효한다.

4_ 분할 : 180g × 13개

가. 스크래퍼를 이용하여 180g씩 분할한다.

나. 표면을 매끄럽게 둥글리기한다.

5_ 중간발효 : 실온 10~15분

가. 표피가 마르지 않도록 비닐을 덮어 실온
에서 중간발효한다.

6_ 성형 : 3겹 접기

가. 작업대 바닥에 덧가루를 살짝 뿌리고 밀
대를 이용하여 반죽의 가스를 빼가며 타
원형으로 균일하게 민다.

나. 반죽을 뒤집은 후 길게 3겹 접기를 하고,
좌우대칭을 맞추며 이불을 말듯 반죽을
만다.

다. 이음매를 잘 봉한다.

7_ 팬닝 : 1 식빵팬 × 3개씩(삼봉형),
총 4 식빵팬

가. 반죽의 이음매를 아래쪽으로 하여 한 식
빵팬에 3개의 반죽을 넣는다. 양 옆을 먼
저 채우고, 가운데를 마지막에 채운다.

나. 바닥 면이 평평해지고 윗면이 균일한 높
이가 되도록 주먹으로 가볍게 누른다.

다. 평철판에 식빵팬을 일정한 간격을 두고
놓는다.

8_ 2차 발효 : 온도 35~38℃, 습도
85~90%, 시간 40~50분

가. 오븐 팽창이 일반 식빵보다 적으므로 식
빵팬 높이보다 반죽이 1cm 정도 위로 올
라온 가스포집력이 최대인 상태까지 발
효한다.

9_ 굽기 : 윗불 160~170℃ 아랫불
190℃, 시간 30~35분

가. 제품의 구워진 상태에 따라 온도를 조절
하고, 팬을 돌려가며 균일한 황갈색이 나
도록 굽는다.

10_ 냉각

가. 구워진 반죽을 타공팬에 옮겨 냉각한다.

식빵 그라탕
Bread Gratin

옥수수의 향이 그라탕과 잘 어울립니다.

🥖 재료

옥수수식빵 1개, 적양파 1/2개
파프리카 1/2개, 베이컨 100g
브로콜리 1/4개, 양송이버섯 4개
모차렐라 치즈 200g, 체다 치즈 50g

🥖 그라탕소스

생크림 250ml, 우유 250ml
달걀 2개, 설탕 15g
소금 5g, 후추 약간

1. 옥수수식빵을 먹기 좋은 크기로 자른다.

2. 적양파, 파프리카, 베이컨, 양송이버섯, 브로콜리도 먹기 좋은 크기로 썰어서 볶는다.

3. 분량의 그라탕소스 재료를 혼합한다.

4. 오븐용 용기에 옥수수식빵과 (2)의 볶은 채소 재료를 넣고 (3)의 그라탕소스를 붓는다. 그 후 모차렐라 치즈와 체다 치즈를 올린다.

5. 190℃로 예열한 오븐에서 30분 정도 굽는다.

밤식빵
◉ Chestnut Pan Bread ◉

시험시간	3시간 40분
공정법	스트레이트법
생산량	450g × 5개
형태	One Loaf형
준비물	볼, 스크래퍼, 주걱, 식빵팬, 밀대, 거품기, 물결모양깍지, 짤주머니, 비닐, 온도계

밤을 첨가한 식빵으로 일반 식빵에 비해 부드럽고 달콤하며, 고소한 것이 특징이다. 밤식빵은 삼봉형 식빵이 일반적인 다른 식빵과 달리 One Loaf형의 한덩이 형태가 특징이다.

배합표

재료	비율(%)	무게(g)
강력분	80	960
중력분	20	240
물	52	624
이스트	4.5	54
제빵개량제	1	12
소금	2	24
설탕	12	144
버터	8	96
탈지분유	3	36
달걀	10	120
계	192.5	2,310

▶ 토핑물 (토핑용 재료는 계량시간에서 제외)

재료	비율(%)	무게(g)
마가린	100	100
설탕	60	60
베이킹파우더	2	2
달걀	60	60
중력분	100	100
아몬드슬라이스	50	50
계	372	372
밤다이스 (시럽제외)	35	420

요구사항

밤식빵을 제조하여 제출하시오.

❶ 반죽 재료를 계량하여 재료별로 진열하시오(10분).
  - 재료계량(재료당 1분) → [감독위원 계량확인] → 작품제조 및 정리정돈(전체시험시간−재료계량시간)
  - 재료계량 시간내에 계량을 완료하지 못하여 시간이 초과된 경우 및 계량을 잘못한 경우는 추가의 시간 부여 없이 작품제조 및 정리정돈 시간을 활용하여 요구사항의 무게대로 계량
  - 달걀의 계량은 감독위원이 지정하는 개수로 계량

❷ 반죽은 **스트레이트법**으로 제조하시오.

❸ 반죽온도는 **27℃**를 표준으로 하시오.

❹ 분할무게는 **450g**으로 하고, 성형 시 450g의 반죽에 **80g**의 **통조림 밤**을 넣고 정형하시오(**한덩이 : One Loaf**).

❺ 토핑물을 제조하여 **굽기 전에 토핑**하고 **아몬드**를 뿌리시오.

❻ 반죽은 **전량**을 사용하여 성형하시오.

제품 평가 기준

☐ **부피** : 분할무게가 일정하며, 부피가 알맞고, 모양이 균일해야 한다.

☐ **외부균형** : 찌그러지거나 한쪽으로 쏠리지 않고 균일한 모양을 지니고 균형이 잘 잡혀야 한다.

☐ **껍질** : 토핑의 두께와 넓이가 일정해야 하며, 흘러넘치거나 탄 흔적이 없어야 하며, 색상이 균일해야 한다. 또한, 아몬드슬라이스가 고루 뿌려져 있어야 한다.

☐ **내상** : 밤의 물기가 없어야 하며 조직이 너무 조밀하거나 큰 기공이 없어야 하며, 밤의 분포가 골고루 균형 잡혀야 한다.

☐ **맛과 향** : 빵의 맛은 쫄깃하고 밤과 잘 어울려야 하며, 겉의 토핑은 바삭하고 고소해야 한다. 또한, 탄 냄새가 나거나 덜 익은 냄새가 나면 안 된다.

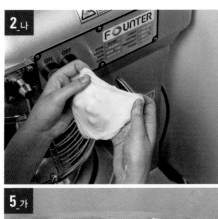

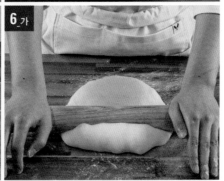

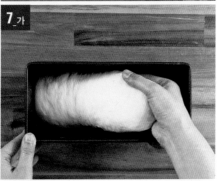

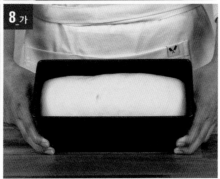

📋 제조공정

1_ 재료 계량 : 10분

가. 충전물을 제외하고 10분 이내에 재료 손
   실 없이 정확하게 계량한다.

나. 당 절임 밤은 물로 씻은 후 체에 밭쳐 수
   분을 제거한다.

**2_ 반죽 : 스트레이트법(최종단계
   100%), 최종반죽온도 27℃**

가. 믹싱볼에 유지를 제외한 재료를 모두 넣
   고 저속으로 혼합하다, 한 덩어리가 되면
   중속으로 클린업 단계까지 믹싱한다.

나. 클린업 단계가 되면 유지를 조금씩 넣고
   저속 또는 중속으로 섞어준 후 고속으로
   최종단계(100%)까지 믹싱한다.

다. 최종반죽온도를 확인한다.

**3_ 1차 발효 : 온도 27℃, 습도
   75~80%, 시간 50~60분**

가. 반죽을 둥글게 말아 볼에 담고, 표면에
   비닐을 덮어 50~60분간 발효된다. 처음
   부피의 3배, 밀가루를 묻힌 손가락으로
   찔렀을 때 손가락 자국이 살짝 오므라든
   다 멈춘 상태까지 발효한다.

4_ 분할 및 둥글리기 : 450g × 5개

가. 스크래퍼를 이용하여 450g씩 분할한다.

나. 표면을 매끄럽게 둥글리기한다.

5_ 중간발효 : 실온 10~15분

가. 표피가 마르지 않도록 비닐을 덮어 실온
   에서 중간발효한다.

6_ 성형 : One Loaf형

가. 작업대 바닥에 덧가루를 살짝 뿌리고 밀
   대를 이용하여 반죽의 가스를 빼가며 약
   30cm의 타원형으로 균일하게 민다.

나. 반죽을 뒤집은 후 맨 위 가장자리 1cm를
   남기고 밤 80g을 골고루 뿌린다.

다. 아래에서부터 단단하게 좌우대칭을 맞추
   며 원로프 형태로 단단하게 말고, 이음새
   를 잘 봉한다.

7_ 팬닝 : 1 식빵팬 × 1개씩, 총 5 식빵팬

가. 반죽의 이음매를 아래쪽으로 하여 식빵
   팬에 반죽을 넣는다.

나. 바닥 면이 평평해지고 윗면이 균일한 높
   이가 되도록 주먹으로 가볍게 누른다.

다. 평철판에 식빵팬을 일정한 간격을 두고

놓는다.

8_ 2차 발효 : 온도 35~38℃, 습도 85~90%, 시간 30~40분

가. 유지량이 많아 오븐 팽창이 크므로 식빵 팬 높이보다 반죽이 1cm 정도 적게 올라온 상태(약 80~90%)까지 발효한다.

9_ 토핑 제조 및 짜기

가. 마가린을 거품기로 부드럽게 풀어주고 설탕을 넣고 휘핑한 후 달걀을 조금씩 넣고 크림과 같은 상태로 만든다.

나. 체에 내린 가루재료(중력분, 베이킹파우더)를 넣고 주걱으로 가볍게 혼합한다.

다. 짤주머니에 물결무늬모양깍지를 끼운 후 토핑물을 채운다.

라. 2차 발효한 반죽 표면이 살짝 마르도록 실온에서 잠시 건조한다.

마. 표면에 토핑물을 가운데를 기준으로 양옆 가장자리를 0.5cm 정도 남기고 세줄 짠다. 세로로 얇고 길게 짜준 후 아몬드 슬라이스를 고루 뿌린다.

10_굽기 : 윗불 160~170℃ 아랫불 190℃, 시간 30~35분

가. 제품의 구워진 상태에 따라 온도를 조절하고, 팬을 돌려가며 균일한 황갈색이 나도록 굽는다.

11_냉각

가. 구워진 반죽을 타공팬에 옮겨 냉각한다.

TIP

[식빵 제조 시 주의사항]

＊ 반죽의 분할 후 둥글리기 과정 시 표면이 매끄럽게 마무리되어야 최종 제품의 표면이 매끄럽게 나온다.

＊ 식빵은 윗면뿐 아니라 옆면까지 황갈색이 잘 나야 냉각 후 반죽이 주저앉지 않는다.

[밤식빵]

＊ 밤식빵 성형 시 반죽을 단단하게 말아야 완성된 제품을 잘랐을 때 빈 공간이 없다.

＊ 토핑 제조 시 크림화가 지나치면 굽는 과정에서 토핑이 흘러내릴 수 있으므로 주의한다.

＊ 토핑물을 너무 많이 짜면 굽기 중에 흘러넘칠 수 있고, 아몬드슬라이스를 너무 많이 뿌리면 떨어질 수 있으므로 주의한다.

[버터톱 식빵]

＊ 버터톱 식빵 반죽은 유지가 많으므로 클린업 단계까지 반죽을 충분히 믹싱하고, 클린업 단계에서 유지를 여러 번 나눠 넣는다.

＊ 보통 식빵보다 버터의 양이 많아 성형할 때 힘을 과하게 주면 반죽이 찢어지기 쉬우므로 주의한다.

＊ 버터톱 식빵은 칼집에 짜 넣은 버터가 굽는 과정에서 녹으면서 반죽의 팽창을 도우므로 발효를 적게 한다.

＊ 칼집을 너무 깊게 내면 식빵의 머리 부분이 커져 가운데 부분이 무너질 수 있는데, 유지가 많아 생각보다 칼집이 깊게 들어가므로 주의한다.

단호박식빵
Sweet Pumpkin Bread

재료

밤식빵용 반죽 950g
단호박 250g
설탕 50g
물엿 30g
물 70g
소금

밤을 대신해 단호박, 고구마, 감자 등을 넣어 다양한 제품으로 응용할 수 있습니다.

1. 단호박은 껍질을 벗겨 가로 1cm x 세로 1cm의 큐브 모양으로 썬다.

2. 냄비에 설탕, 물, 물엿, 소금을 넣고 설탕이 녹을 때까지 끓여 단호박 조림을 만든다.

3. **(2)**에 **(1)**을 넣고 익을 때까지 조려준 후 식혀준다.

4. 밤 조림 대신 단호박 조림을 넣고 성형하여 구워준다(앞 레시피 성형부터 참고).

TIP 단단한 단호박 조림을 위해서는 썰어 놓은 단호박을 식품건조기 또는 채반에 썰어 놓고 꼬들꼬들 할 정도로 말려서 사용하면 더욱 좋다.

이스트(효모, yeast)

이스트는 대표적인 생물학적 팽창제로, 살아 있는 이스트가 반죽에 들어가 반죽의 당을 분해하는 과정을 통해 빵을 부풀린다. 반죽에 첨가된 이스트는 반죽의 당을 분해하여 이산화탄소와 에탄올 물질을 생성하고, 이 과정에서 열이 발생한다. 이때 발생한 이산화탄소에 의해 빵이 부풀게 된다. 이러한 이스트는 빵 이외에도 맥주, 와인 등의 제조에도 사용되는 것으로 유명하다.

제빵에서 이용되는 이스트는 크게 압착형 이스트(생이스트)와 건조 이스트(드라이이스트)로 분류되는데, 압착형 이스트는 이스트의 생 세포를 전분과 함께 압착하여 수분함량이 70% 정도 되는 것으로, 반죽에 쉽게 용해되어 사용하기 편리하나 반드시 냉장 보관해야 하고 유통기한이 짧다.

건조 이스트는 이스트를 저온건조하여 수분함량을 10% 미만으로 낮춰 보관이 용이하고, 유통기한이 길다. 그러나 사용 전 따뜻한 물에 수화 후 사용해야 하는 단점이 있어, 이러한 과정을 줄이기 위해 개발된 인스턴트 이스트라는 제품도 있다. 인스턴트 이스트는 물에 수화하지 않고, 생이스트와 같이 바로 사용할 수 있다.

버터톱 식빵
◉ Butter Top Bread ◉

시험시간	3시간 30분
공정법	스트레이트법
생산량	460g × 5개
형태	One Loaf형
준비물	볼, 스크래퍼, 주걱, 비닐, 밀대, 온도계, 식빵팬, 위생지, 가위, 커터칼

버터톱 식빵은 집에서 간단히 구워 먹으면 좋은 간식이 되는데, 버터의 사용량이 많아 일반 식빵보다 부드럽고 시간이 지나도 그 부드러움이 좀 더 유지된다. 버터를 더 바르지 않아도 부드럽고 고소하게 먹을 수 있다.

재료	비율(%)	무게(g)
강력분	100	1,200
물	40	480
이스트	4	48
제빵개량제	1	12
소금	1.8	21.6(22)
설탕	6	72
버터	20	240
탈지분유	3	36
달걀	20	240
계	195.8	2,349.6(2,350)

▶ 충전물 (충전용 재료는 계량시간에서 제외)

재료	비율(%)	무게(g)
버터(바르기용)	5	60

요구사항

버터톱 식빵을 제조하여 제출하시오.

❶ 배합표의 각 재료를 계량하여 재료별로 진열하시오(**9분**).
- 재료계량(재료당 1분) → [감독위원 계량확인] → 작품제조 및 정리정돈(전체시험 시간–재료계량시간)
- 재료계량 시간내에 계량을 완료하지 못하여 시간이 초과된 경우 및 계량을 잘못한 경우는 추가의 시간 부여 없이 작품제조 및 정리정돈 시간을 활용하여 요구사항의 무게대로 계량
- 달걀의 계량은 감독위원이 지정하는 개수로 계량

❷ 반죽은 **스트레이트법**으로 제조하시오(단, **유지는 클린업** 단계에서 **첨가**하시오).

❸ 반죽온도는 **27℃**를 표준으로 하시오.

❹ 표준분할무게는 **460g짜리 5개**를 만드시오(**한 덩이 : One Loaf**).

❺ 윗면을 길이로 자르고 버터를 짜 넣는 형태로 만드시오.

❻ 반죽은 **전량**을 사용하여 성형하시오.

제품 평가 기준

☐ **부피** : 분할무게와 비교해 부피가 알맞고 균일해야 한다.

☐ **외부균형** : 모양이 찌그러짐 없이 균형 잡힌 대칭을 이루어야 하며, 윗면이 균일하게 벌어져야 한다.

☐ **껍질** : 얇고 부드러우며 윗면뿐 아니라 옆과 밑면까지 전체적으로 고른 황갈색을 띠고 반점과 줄무늬가 없어야 한다.

☐ **내상** : 기공과 조직의 크기가 고르고 부드러워야 하며 조밀하지 않고 밝은색을 띠어야 한다.

☐ **맛과 향** : 씹는 촉감이 부드럽고 끈적거리지 않고 버터의 맛과 은은한 향이 나야 하며 탄 냄새, 생 재료 맛이 없어야 한다.

제조공정

1 **재료 계량** : 9분

2 **반죽** : 스트레이트법(최종단계 100%), 최종반죽온도 27℃

가. 믹싱볼에 유지를 제외한 재료를 모두 넣고 저속으로 혼합하다, 한 덩어리가 되면 중속으로 클린업 단계까지 믹싱한다.

나. 클린업 단계가 되면 유지를 조금씩 넣고

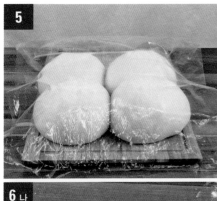

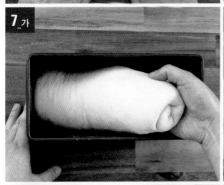

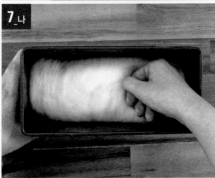

저속 또는 중속으로 섞어준 후 고속으로 최종단계(100%)까지 믹싱한다.

다. 최종반죽온도를 확인한다.

3_ 1차 발효 : 온도 27℃, 습도 75～80%, 시간 50～60분

가. 반죽이 처음 부피의 2.5～3배, 밀가루를 묻힌 손가락으로 찔렀을 때 손가락 자국이 살짝 오므라들다 멈춘 상태까지 발효한다.

4_ 분할 및 둥글리기 : 460g × 5개

가. 스크래퍼를 이용하여 460g씩 분할한다.

나. 표면을 매끄럽게 둥글리기 한다.

5_ 중간발효 : 실온 10～15분

6_ 성형 : One Loaf형

가. 밀대를 이용하여 반죽을 타원형으로 균일하게 민다.

나. 반죽을 뒤집은 후 위에서부터 단단하게 좌우대칭을 맞추며 원로프 형태로 만다.

다. 이음새를 잘 봉한다.

7_ 팬닝 : 1 식빵팬 × 1개씩, 총 5 식빵팬

가. 반죽의 이음매를 아래쪽으로 하여 식빵팬에 반죽을 넣는다.

나. 바닥 면이 평평해지고 윗면이 균일한 높이가 되도록 주먹으로 가볍게 누른다.

다. 평철판에 식빵팬을 일정한 간격을 두고 놓는다.

8_ 2차 발효 : 온도 35～38℃, 습도 85～90%, 시간 30～35분

가. 식빵팬 높이보다 반죽이 1～2cm 정도 적게 올라온 상태까지 발효한다.

9_ 칼집 내기 및 토핑 짜기

가. 2차 발효한 반죽 표면을 실온에서 살짝 건조하여 칼집이 잘 들어가도록 한다.

나. 반죽 윗면 가운데 부분에 일자로 길게 0.3～0.5cm 깊이의 칼집을 낸다.

다. 짤주머니에 부드럽게 풀어진 버터를 담고 칼집 부분에 버터를 일정한 두께로 짠다.

10_굽기 : 윗불 170℃ 아랫불 190℃, 시간 30～35분

가. 제품의 구워진 상태에 따라 온도를 조절하고, 팬을 돌려가며 균일한 황갈색이 나도록 굽는다.

11_냉각

가. 구워진 반죽을 타공팬에 옮겨 냉각한다.

B.L.T 샌드위치
B.L.T Sandwich

버터톱 식빵은 버터향이 강한 식빵으로 샌드위치로 활용하기 좋습니다.

재료

식빵 3장
베이컨 6장
토마토 2조각
양상추 2장
머스터드 20g
마요네즈 20g
피클 1개
소금, 후추 적당량

1. 머스터드와 마요네즈를 섞고 소금, 후추를 넣어 머스터드소스를 만든다.

2. 식빵은 살짝 구운 후 머스터드소스를 바른다.

3. 프라이팬에 베이컨을 구워 기름을 뺀다.

4. 토마토를 슬라이스하여 소금, 후추를 뿌린다.

5. **(2)**의 식빵 위에 양상추 – 베이컨 – 식빵 – 양상추 – 토마토 – 피클 – 식빵을 순서대로 올려 완성한다.

쌀식빵
◉ Rice Bread ◉

시험시간	3시간 40분
공정법	스트레이트법
생산량	4개
형태	삼봉형
준비물	식빵팬, 주걱, 스크래퍼, 비닐, 볼, 밀대, 온도계

쌀식빵은 밀가루를 주원료로 사용하는 일반 식빵과는 달리 쌀가루를 주원료로 사용한 식빵이다. 쌀에는 글루텐이 없으므로 쌀로 만든 빵은 셀리악병 등 글루텐에 알레르기가 있는 사람들도 먹을 수 있으며, 다양한 기능성 건강 식빵으로 잘 알려져 있다.

배합표

재료	비율(%)	무게(g)
강력분	70	910
쌀가루	30	390
물	63	819(820)
이스트	3	39(40)
소금	1.8	23.4(24)
설탕	7	91(90)
쇼트닝	5	65(66)
탈지분유	4	52
제빵개량제	2	26
계	185.8	2,415.4(2,418)

요구사항

쌀식빵을 제조하여 제출하시오.

❶ 배합표의 각 재료를 계량하여 재료별로 진열하시오(**9분**).
  - 재료계량(재료당 1분) → [감독위원 계량확인] → 작품제조 및 정리정돈(전체시험 시간-재료계량시간)
  - 재료계량 시간내에 계량을 완료하지 못하여 시간이 초과된 경우 및 계량을 잘못한 경우는 추가의 시간 부여 없이 작품제조 및 정리정돈 시간을 활용하여 요구사항의 무게대로 계량
  - 달걀의 계량은 감독위원이 지정하는 개수로 계량

❷ 반죽은 **스트레이트법**으로 제조하시오(단, 유지는 클린업 단계에서 **첨가**하시오).

❸ 반죽온도는 **27℃**를 표준으로 하시오.

❹ 분할무게는 **198g**씩으로 하고, 제시된 팬의 용량을 감안하여 결정하시오(단, **분할무게 x 3을 1개의 식빵**으로 함).

❺ 반죽은 전량을 사용하여 성형하시오.

제품 평가 기준

☐ **부피** : 분할무게와 비교해 부피가 알맞고 균일해야 한다.
☐ **외부균형** : 모양이 찌그러짐 없이 균형 잡힌 대칭을 이루어야 한다.
☐ **껍질** : 얇고 부드러우며 윗면뿐 아니라 옆과 밑면까지 전체적으로 고른 황갈색을 띠고 반점과 줄무늬가 없어야 한다.
☐ **내상** : 기공과 조직의 크기가 일정하고 부드러워야 하며 옅은 미색을 띠어야 한다.
☐ **맛과 향** : 씹는 촉감이 부드럽고 끈적거리지 않으며, 쌀의 구수한 맛과 향이 조화롭고 탄 냄새나 생 재료 맛이 나면 안 된다.

제조공정

1. 재료 계량 : 9분
가. 9분 이내에 재료 손실 없이 정확하게 계량한다.

2. 반죽 : 스트레이트법(발전단계후기 90%), 최종반죽온도 27℃
가. 믹싱볼에 유지를 제외한 재료를 모두 넣고 저속으로 혼합하다, 한 덩어리가 되면 중속으로 클린업 단계까지 믹싱한다.
나. 클린업 단계가 되면 유지를 조금씩 넣고 저속 또는 중속으로 섞어준 후 고속으로 발전단계후기(90%)까지 믹싱한다.
다. 최종반죽온도를 확인한다.

3. 1차 발효 : 온도 27℃, 습도 75~80%, 시간 50~70분
가. 반죽을 둥글게 말아 볼에 담고, 표면에

비닐을 덮어 50~70분간 발효한다. 처음 부피의 3배, 밀가루를 묻힌 손가락으로 찔렀을 때 손가락 자국이 살짝 오므라들다 멈춘 상태까지 발효한다.

4_ 분할 및 둥글리기 : 198g × 12개
가. 스크래퍼를 이용하여 198g씩 분할한다.
나. 표면을 매끄럽게 둥글리기한다.

5_ 중간발효 : 실온 10~15분
가. 표피가 마르지 않도록 비닐을 덮어 실온에서 중간발효한다.

6_ 성형 : 3겹 접기
가. 작업대 바닥에 덧가루를 살짝 뿌리고 밀대를 이용하여 반죽의 가스를 빼가며 타원형으로 균일하게 민다.
나. 반죽을 뒤집은 후 길게 3겹 접기를 하고, 좌우대칭을 맞추며 이불을 말듯 반죽을 만다.
다. 이음매를 잘 봉한다.

7_ 패닝 : 1 식빵팬 × 3개씩(삼봉형), 총 4 식빵팬
가. 반죽의 이음매를 아래쪽으로 하여 한 식빵팬에 3개의 반죽을 넣는다. 양옆을 먼저 채우고, 가운데를 마지막에 채운다.
나. 바닥 면이 평평해지고 윗면이 균일한 높이가 되도록 주먹으로 가볍게 누른다.
다. 평철판에 식빵팬을 일정한 간격을 두고 놓는다.

8_ 2차 발효 : 온노 35~38℃, 습도 85~90%, 시간 40~50분
가. 일반 식빵에 비해 오븐 팽창이 적으므로 식빵팬 높이보다 반죽이 1cm 정도 위로 올라온 상태까지 발효한다.

9_ 굽기 : 윗불 160~170℃ 아랫불 180~190℃, 시간 30~35분
가. 제품의 구워진 상태에 따라 온도를 조절하고, 팬을 돌려가며 균일한 황갈색이 나도록 굽는다.

10_냉각
가. 구워진 반죽을 타공팬에 옮겨 냉각한다.

TIP

＊ 쌀식빵의 주재료인 쌀가루의 글루텐은 수분함량이 적어 다른 제품보다 믹싱을 짧게 하며, 가스보유력이 떨어져 분할 중량이 많다.

가츠 산도 (돈가스 샌드)

Pork Cutlet Sandwich

쌀가루가 들어간 빵을 밥을 대신해 한끼 식사가 될 수 있도록
샌드위치로 응용할 수 있습니다.

재료

슬라이스 식빵 4장
돼지고기 등심 300g
양배추 50g
돈가스소스 30g
머스터드소스 30g
마요네즈 30g
달걀 1개
빵가루 1컵
밀가루 1/2컵
소금
후추
식용유

1. 돼지고기 등심을 해머로 두드린 후 소금, 후추를 뿌린다.

2. (1)을 밀가루 → 달걀 → 빵가루 순으로 묻히고 180~190℃ 기름에서 튀긴다.

3. 양배추는 곱게 채 썰어 마요네즈에 버무린다.

4. 식빵의 한쪽 면에 돈가스소스와 머스터드소스를 혼합하여 바른다.

5. (4)의 식빵에 마요네즈를 버무린 양배추 → 돈가스 → 양배추를 올린 후 식빵을 덮어준다.

베이글
◉ Bagle ◉

시험시간	3시간 30분
공정법	스트레이트법
생산량	80g × 16개
형태	링모양
준비물	볼, 비닐, 주걱, 온도계, 스크래퍼, 평철판, 버너, 체, 나무주걱

베이글이란 말을 탈 때 발을 디디는 제구인 등자를 뜻하는 독일어인 뷔겔(Bugel)에서 유래되었다.
베이글은 반죽을 발효시켜 중앙에 구멍을 내고 원형으로 모양을 만들어 뜨거운 물에 살짝 데쳐 오븐에 구운 빵으로, 황금색의 표면은 딱딱하고 속은 부드러운 쫄깃한 맛을 내는 것이 특징이며, 씹을수록 깊이 있는 맛이 입속에서 퍼진다.

배합표

재료	비율(%)	무게(g)
강력분	100	800
물	55~60	440~480
이스트	3	24
제빵개량제	1	8
소금	2	16
설탕	2	16
식용유	3	24
계	166~171	1,328~1,368

요구사항

베이글을 제조하여 제출하시오.

❶ 배합표의 각 재료를 계량하여 재료별로 진열하시오(**7분**).
- 재료계량(재료당 1분) → [감독위원 계량확인] → 작품제조 및 정리정돈(전체시험 시간−재료계량시간)
- 재료계량 시간내에 계량을 완료하지 못하여 시간이 초과된 경우 및 계량을 잘못한 경우는 추가의 시간 부여 없이 작품제조 및 정리정돈 시간을 활용하여 요구사항의 무게대로 계량
- 달걀의 계량은 감독위원이 지정하는 개수로 계량

❷ 반죽은 **스트레이트법**으로 제조하시오.

❸ 반죽온도는 **27℃**를 표준으로 하시오.

❹ 1개당 분할중량은 **80g**으로 하고 **링모양**으로 정형하시오.

❺ 반죽은 전량을 사용하여 성형하시오.

❻ **2차 발효 후 끓는 물에 데쳐 팬닝**하시오.

❼ 팬 2개에 완제품 16개를 구워 제출하고, 남은 반죽은 감독위원의 지시에 따라 별도로 제출하시오.

제품 평가 기준

☐ **부피** : 분할무게와 비교해 부피가 알맞고 균일해야 한다.
☐ **외부균형** : 링 모양으로 찌그러지지 않고 균형 잡힌 대칭을 이루어야 한다.
☐ **껍질** : 껍질이 얇고 윤기가 나야 하며, 색이 고르고 반점과 줄무늬가 없어야 한다.
☐ **내상** : 기공과 조직의 크기가 고르고 부드러워야 하며 밝은색을 띠어야 한다.
☐ **맛과 향** : 베이글 특유의 쫄깃한 조직과 은은한 향기가 나며 탄 냄새, 생 재료 맛이 없어야 한다.

제조공정

1_ 재료 계량 : 7분
가. 7분 이내에 재료를 손실 없이 정확하게 계량한다.

2_ 반죽 : 스트레이트법(발전단계 80%), 최종반죽온도 27℃
가. 믹싱볼에 유지를 제외한 재료를 모두 넣고 저속으로 혼합하다, 한 덩어리가 되면 중속으로 클린업 단계까지 믹싱한다.
나. 클린업 단계가 되면 유지를 넣고 저속 또는 중속으로 섞어준 후 고속으로 발전단계(80%)까지 믹싱한다.
다. 최종반죽온도를 확인한다.

3_ 1차 발효 : 온도 27℃, 습도 75~ 80%, 시간 40~50분
가. 반죽이 처음 부피의 2.5배, 밀가루를 묻

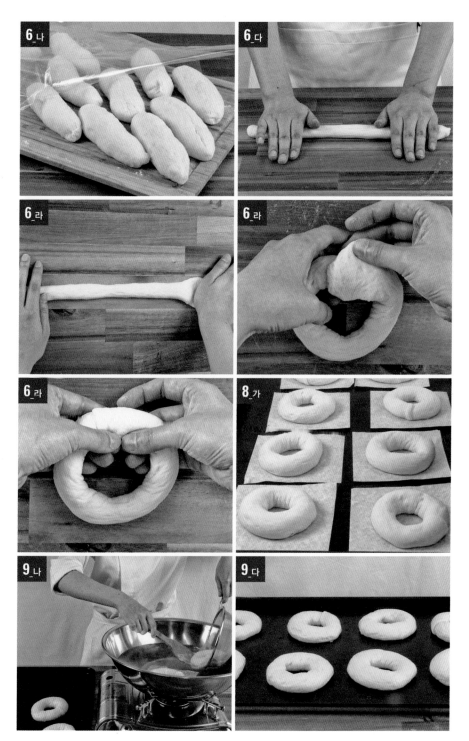

힌 손가락으로 찔렀을 때 손가락 자국이
그대로 남는 상태까지 발효한다.

4_ 분할 및 둥글리기 : 80g × 16개

가. 스크래퍼를 이용하여 80g씩 분할한다.

나. 표면을 매끄럽게 둥글리기한다.

5_ 중간발효 : 실온, 10∼15분

가. 표피가 마르지 않도록 비닐을 덮어 실온
에서 발효한다.

6_ 성형 : 링모양

가. 위생지를 반죽 크기에 맞게 재단하여 평
철판에 8개씩 깐다.

나. 둥글리기 한 순서대로 반죽을 약 10cm
의 타원형으로 가스를 빼가며 민다.

다. 모양을 잡아둔 순서대로 손바닥을 펴고
반죽을 두번에 걸쳐 밀어 25cm 길이로
늘려 기다란 막대 모양으로 만든다.

라. 한쪽 부분을 손바닥 또는 밀대로 납작하
게 한 후 다른 쪽 끝 부분에 잘 감싸 링모
양으로 붙이고 이음새를 잘 봉한다.

7_ 팬닝 : 1 평철판 × 8개씩, 총 2 평철판

가. 성형된 반죽의 이음매를 아래쪽으로 하
여 위생지 위에 놓는다.

8_ 2차 발효 : 온도 30∼33℃, 습도
75∼80%, 시간 20∼30분

가. 베이글의 모양을 유지하기 위하여 2차
발효시간을 약 20∼30분간 짧게 한다.

9_ 데치기

가. 반죽의 표면을 실온에서 살짝 건조한다.

나. 끓는 물에 반죽을 위생지가 붙어 있는 상
태로 넣은 후 양면을 약 5초 살짝 데친다.

다. 데친 반죽을 주걱 또는 체로 건져 팬에 다
시 간격을 맞춰 이음매를 아래쪽으로 하여
8개씩 놓는다. 이때 위생지는 제거한다.

10_굽기 : 윗불 200℃ 아랫불 170℃,
시간 12∼15분

가. 제품의 구워진 상태에 따라 온도를 조절
하고, 팬을 돌려가며 균일한 황갈색이 나
도록 굽는다.

11_냉각

가. 구워진 반죽을 타공팬에 옮겨 냉각한다.

TIP

＊ 베이글을 성형할 때 반죽을 둥글게 말고 끝부분의 이음매를 잘 봉해야 발효와 데치기 과정에서 링이 풀
리지 않는다.

＊ 베이글 반죽을 데칠 때 끓는 물에 너무 오래 데치면, 오븐에서 팽창이 되지 않아 쭈글쭈글한 모양이 나
온다.

＊ 베이글을 물에 데치는 이유는 겉은 바삭바삭하고 속은 쫄깃한 맛을 내며, 껍질 형성이 빨리 이루어져 수
분이 증발하는 것을 막아 빵의 노화를 지연시키기 위함이다.

양파 크림치즈 & 블루베리 크림치즈
Onion Cream Cheese & Blueberry Cream Cheese

베이글에 곁들여 먹으면 어울리는 크림치즈 제조법을 소개합니다.

양파 크림치즈 재료

양파 1/2개
크림치즈 400g
디종 머스터드소스 20g
꿀 40g

1. 양파는 잘 다져서 찬물에 담가 매운맛을 제거하고 물기를 제거한 다음, 팬에 오일을 살짝 두르고 갈색이 될 때까지 볶는다.
2. 크림치즈는 부드럽게 푼다.
3. 볶은 양파, 크림치즈, 디종 머스터드소스, 꿀을 섞는다.
4. 완성된 베이글에 바른다.

블루베리 크림치즈 재료

크림치즈 400g
슈가파우더 30g
블루베리잼 60g

1. 크림치즈는 거품기로 잘 풀어주다 슈가파우더를 넣고 부드러운 상태로 섞는다.
2. 블루베리잼을 넣고 잘 섞는다.
3. 완성된 베이글에 바른다.

호밀빵

◉ Rye Bread ◉

시험시간	3시간 30분
공정법	스트레이트법
생산량	330g × 5~6개
형태	타원형(럭비공형)
준비물	볼, 비닐, 밀대, 주걱, 스크래퍼, 온도계, 평철판, 커터칼, 자

호밀빵은 호밀을 주원료로 하여 식빵보다 색이 어두워 흑빵이라고 한다. 묵직한 특징을 가진 독일의 전통적인 빵으로, 다른 빵과 비교하여 색깔이나 향이 강하며 섬유소가 많아 건강식품으로 선호한다.

500년경에 색슨족과 데인족이 영국에 정착하면서 한대지방의 호밀을 소개했으며, 이후 검은 호밀빵은 중세시대까지 기본 식품으로 자리 잡았다.

이후 밀과 비교하여 구하기 쉬운 특성 때문에 독일을 비롯하여 핀란드, 덴마크, 러시아지역 국가들에서 다양하게 제조방식이 발전되었다.

배합표

재료	비율(%)	무게(g)
강력분	70	770
호밀가루	30	330
이스트	3	33
제빵개량제	1	11(12)
물	60~65	660~715
소금	2	22
황설탕	3	33(34)
쇼트닝	5	55(56)
탈지분유	2	22
몰트액	2	22
계	178~183	1,958~2,016

요구사항

호밀빵을 제조하여 제출하시오.

❶ 배합표의 각 재료를 계량하여 재료별로 진열하시오(**10분**).
- 재료계량(재료당 1분) → [감독위원 계량확인] → 작품제조 및 정리정돈(전체시험 시간-재료계량시간)
- 재료계량 시간내에 계량을 완료하지 못하여 시간이 초과된 경우 및 계량을 잘못한 경우는 추가의 시간 부여 없이 작품제조 및 정리정돈 시간을 활용하여 요구사항의 무게대로 계량
- 달걀의 계량은 감독위원이 지정하는 개수로 계량

❷ 반죽은 **스트레이트법**으로 제조하시오.

❸ 반죽온도는 **25℃**를 표준으로 하시오.

❹ 표준분할무게는 **330g**으로 하시오.

❺ 제품의 형태는 **타원형(럭비공 모양)**으로 제조하고, **칼집 모양을 가운데 일자**로 내시오.

❻ 반죽은 **전량**을 사용하여 성형하시오.

제품 평가 기준

☐ **부피** : 분할무게와 비교해 부피가 알맞고 균일해야 하며 호밀가루 때문에 거친 느낌이 난다.

☐ **외부균형** : 모양이 찌그러지지 않고 균형 잡힌 대칭을 이루어야 한다.

☐ **껍질** : 껍질이 얇고 부드러워야 하며 색깔이 고르고 반점과 줄무늬가 없어야 한다.

☐ **내상** : 호밀가루의 색이 전체적으로 고르게 나고 기공과 조직이 부드러워야 하며 너무 조밀하지 않아야 한다.

☐ **맛과 향** : 씹는 맛이 끈적거리지 않고 호밀가루 특유의 향과 발효향이 잘 어울려야 한다.

제조공정

1_ 재료 계량 : 10분

가. 10분 이내에 재료를 손실 없이 정확하게 계량한다.

2_ 반죽 : 스트레이트법(발전단계 80%), 최종반죽온도 25℃

가. 믹싱볼에 유지를 제외한 재료를 모두 넣고 저속으로 혼합하다, 한 덩어리가 되면 중속으로 클린업 단계까지 믹싱한다.

나. 클린업 단계가 되면 유지를 넣고 저속 또는 중속으로 섞어준 후 고속으로 발전단계(80%)까지 믹싱한다.

다. 최종반죽온도를 확인한다.

3_ 1차 발효 : 온도 27℃, 습도 75~80%, 시간 50~60분

가. 반죽을 둥글게 말아 볼에 담고, 표면에 비닐을 덮어 50~60분간 발효한다. 처음

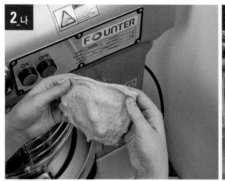

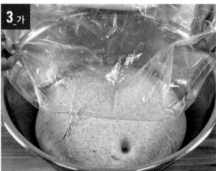

부피의 2.5~3배, 밀가루를 묻힌 손가락으로 찔렀을 때 손가락 자국이 살짝 오므라들다 멈춘 상태까지 발효한다.

4_ 분할 및 둥글리기 : 330g × 5~6개

가. 스크래퍼를 이용하여 330g씩 분할한다.

나. 표면을 매끄럽게 둥글리기한다.

5_ 중간발효 : 실온 10~20분

가. 표피가 마르지 않도록 비닐을 덮어 실온에서 중간발효한다.

6_ 성형 : 타원형(럭비공형)

가. 작업대 바닥에 덧가루를 살짝 뿌리고 밀대를 이용하여 반죽의 가스를 빼가며 타원형으로 균일하게 민다.

나. 반죽을 뒤집은 후 위에서부터 단단하게 말아 23~25cm 크기의 럭비공 형태로 만들고 이음매를 잘 봉한다.

7_ 팬닝 : 1 평철판 × 2~3개씩, 총 2 평철판

가. 반죽의 이음매를 아래쪽으로 하여 한 철판에 2~3개씩 균일한 간격으로 팬닝한다.

8_ 2차 발효 : 온도 32~35℃, 습도 85~90%, 시간 40~50분

가. 오븐 팽창이 작게 나타나므로 완제품의 75~80%까지 약 40~50분간 충분히 발효한다.

9_ 칼집 내기 및 분무

가. 2차 발효한 반죽 표면을 실온에서 살짝 (약 5분간) 건조하여 칼집이 잘 들어가도록 한다.

나. 반죽 윗면 가운데 부분에 일자로 길게 칼집을 내고 칼날을 약간 비스듬하게 잡고, 옆으로 다시 한 번 깊게 칼집을 낸다.

다. 반죽 표면이 터지지 않도록 굽기 직전 분무기로 반죽에 물을 뿌린다. 오븐에 스팀 기능이 있을 경우 오븐에 반죽을 넣고 약 5~10초간 스팀을 분무해도 된다.

10_굽기 : 윗불 190℃ 아랫불 160℃, 시간 25~35분

가. 제품의 구워진 상태에 따라 온도를 조절하고, 팬을 돌려가며 균일한 황갈색이 나도록 굽는다.

11_냉각

가. 구워진 반죽을 타공팬에 옮겨 냉각한다.

TIP

[호밀빵]

＊ 호밀빵은 최종반죽온도가 다른 제품과 비교하여 낮으므로 물의 온도 조절에 주의한다.

＊ 호밀빵의 주재료인 호밀가루는 글루텐의 함량이 적어 식빵 제품과 비교하여 믹싱시간과 발효시간이 짧으므로 주의한다.

＊ 호밀빵에 칼집을 넣을 때 유지량이 많지 않아 칼날이 잘 들어가지 않기 때문에 다른 곳이 터질 수 있으므로 주의한다.

[통밀빵]

＊ 통밀빵은 최종반죽온도가 다른 제품과 비교하여 낮으므로 물의 온도 조절에 주의한다.

＊ 통밀빵의 주재료인 통밀가루는 글루텐의 함량이 적어 식빵 제품과 비교하여 믹싱 시간과 발효시간이 짧으므로 주의한다.

허니 피자

Honey Pizza

호밀빵과 꿀이 잘 어울리므로 허니 피자로 응용할 수 있습니다.

재료

호밀빵 1개
꿀 160g
아몬드슬라이스 60g
모차렐라치즈 240g

허니버터 재료

꿀 50g
버터 100g
시나몬가루 2g

1. 완성된 호밀빵은 두께 1~2cm 정도로 썰어준다.

2. 실온에 놓아둔 버터는 부드럽게 풀어준다.

3. (2)의 버터에 꿀을 혼합하여 허니버터를 만들어 준다.

4. 썰어놓은 호밀빵 단면에 허니버터를 기호에 맞게 발라준다.

5. 허니버터를 발라준 빵 위에 아몬드슬라이스와 모차렐라치즈를 토핑한다.

6. 180℃ 오븐에서 10~15분간 구워준다.

7. 완성 후 꿀을 뿌려준다.

통밀빵
● Whole Wheat Bread ●

시험시간	3시간 30분
공정법	스트레이트법
생산량	200g × 8개
형태	밀대(봉)형(22~23cm)
준비물	볼, 비닐, 밀대, 주걱, 스크래퍼, 온도계, 평철판, 커터칼

통밀빵은 통밀이나 거의 통밀으로 만드는 빵의 종류이다.

통밀빵의 종류는 나라별로 나뉘며 한 나라에 여러 종류의 통밀빵이 존재하기도 한다. 보통 통밀빵은 강력분에 통밀가루 10~30%를 사용하여 만든 제품으로 갈색빵의 종류 중 하나이기도 하다.

통밀은 제빵성은 좀 떨어지지만, 식이섬유가 많이 함유된 영양가 높은 건강식 빵이다.

재료	비율(%)	무게(g)
강력분	80	800
통밀가루	20	200
이스트	2.5	25(24)
제빵개량제	1	10
물	63~65	630~650
소금	1.5	15(14)
설탕	3	30
버터	7	70
탈지분유	2	20
몰트액	1.5	15(14)
계	181.5~183.5	1,812~1,835

▶ 토핑 (토핑용 재료는 계량시간에서 제외)

재료	비율(%)	무게(g)
토핑용 오트밀	–	200

요구사항

통밀빵을 제조하여 제출하시오.

❶ 배합표의 각 재료를 계량하여 재료별로 진열하시오(10분).

(단, 토핑용 오트밀은 계량시간에서 제외한다)

- 재료계량(재료당 1분) → [감독위원 계량확인] → 작품제조 및 정리정돈(전체시험시간-재료계량시간)
- 재료계량 시간내에 계량을 완료하지 못하여 시간이 초과된 경우 및 계량을 잘못한 경우는 추가의 시간 부여 없이 작품제조 및 정리정돈 시간을 활용하여 요구사항의 무게대로 계량
- 달걀의 계량은 감독위원이 지정하는 개수로 계량

❷ 반죽은 **스트레이트법**으로 제조하시오.

❸ 반죽온도는 25℃를 표준으로 하시오.

❹ 표준분할무게는 200g으로 하시오.

❺ 제품의 형태는 **밀대(봉)형(22~23cm)**으로 제조하고, 표면에 물을 발라 오트밀을 보기 좋게 적당히 묻히시오.

❻ **8개를 성형하여 제출**하고 남은 반죽은 감독위원의 지시에 따라 별도로 제출하시오.

제품 평가 기준

☐ **부피** : 분할무게와 비교해 부피가 알맞으며 균일해야 한다.

☐ **외부균형** : 모양이 한쪽으로 휘지 않고 곧으며 균형 잡힌 대칭을 이루어야 한다.

☐ **껍질** : 오트밀이 고르게 빵 표면을 감싸고 있어야 하며 색이 전체적으로 고르게 나타나야 한다.

☐ **내상** : 통밀가루의 색이 전체적으로 고르게 나며 기공과 조직의 크기가 고르고 부드러워야 한다.

☐ **맛과 향** : 통밀가루와 오트밀의 맛과 향이 발효향과 잘 어우러져야 한다.

제조공정

1_ 재료 계량 : 10분

2_ 반죽 : 스트레이트법(발전단계 80%), 최종반죽온도 25℃

가. 믹싱볼에 유지를 제외한 재료를 모두 넣고 저속으로 혼합하다, 한 덩어리가 되면 중속으로 클린업 단계까지 믹싱한다.

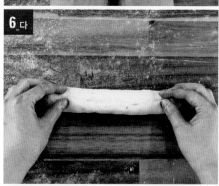

나. 클린업 단계가 되면 유지를 넣고 저속 또는 중속으로 섞어준 후 고속으로 발전단계(80%)까지 믹싱한다.

다. 최종반죽온도를 확인한다.

3_ 1차 발효 : 온도 27℃, 습도 75~80%, 시간 50~60분

가. 반죽이 처음 부피의 2.5~3배, 밀가루를 묻힌 손가락으로 찔렀을 때 손가락 자국이 살짝 오므라들다 멈춘 상태까지 발효한다.

4_ 분할 및 둥글리기 : 200g × 8개

가. 스크래퍼를 이용하여 200g씩 분할한다.

나. 표면을 매끄럽게 둥글리기한다.

5_ 중간발효 : 실온 15~20분

가. 표피가 마르지 않도록 비닐을 덮어 실온에서 중간발효한다.

6_ 성형 : 밀대(봉)형

가. 밀대를 이용하여 반죽을 타원형으로 균일하게 민다.

나. 반죽을 뒤집은 후 길게 3겹 접기를 한다.

다. 이 상태에서 반죽을 늘어기며 3번 정도 길게 단단하게 말고 이음매를 잘 봉한다.

라. 손바닥을 편 상태로 22~23cm의 밀대 모양으로 균일하게 민다.

마. 반죽의 윗면에 분무기를 이용하여 물을 충분히 뿌리거나 젖은 행주에 반죽 윗면을 굴린 후 오트밀 위에 놓고 살짝 굴려가며 눌러 윗면과 옆면에 고루 묻힌다.

7_ 팬닝 : 1 평철판 × 3개씩, 총 3 평철판

가. 반죽의 이음매를 아래쪽으로 하여 한 철판에 3개씩 균일한 간격으로 팬닝한다.

8_ 2차 발효 : 온도 35~38℃, 습도 80~90%, 시간 35~45분

가. 팬을 살짝 흔들었을 때 반죽이 살짝 흔들리는 상태까지 발효한다.

9_ 굽기 : 윗불 190℃ 아랫불 160℃, 시간 15~20분

가. 제품의 구워진 상태에 따라 온도를 조절하고, 팬을 돌려가며 균일한 황갈색이 나도록 굽는다.

10_ 냉각

가. 구워진 반죽을 타공팬에 옮겨 냉각한다.

통밀 브레드 그린 샐러드

Whole Wheat Bread Green Salad

다이어트에 좋은 통밀빵과 샐러드를 조화롭게 응용할 수 있습니다.

재료

**완성된 통밀빵 1개, 샐러드 채소 150g
베이컨 100g, 올리브 슬라이스 30g**

드레싱

**꿀 30g, 홀 그레인 머스터드소스 15g
식초 30g, 레몬즙 15g
올리브오일 100ml, 소금, 후추 약간**

마늘크림

**버터 150g, 다진 마늘 30g, 설탕 40g
소금 3g , 마요네즈 30g, 파슬리 2g**

1. 완성된 통밀빵은 세로로 통썰기를 한다.
2. 분량의 재료를 섞어 드레싱을 만든다.
3. 베이컨은 팬에 노릇노릇 구워준다.
4. 볼에 부드럽게 풀어준 버터, 다진 마늘, 설탕, 소금, 마요네즈, 파슬리를 넣고 혼합하여 마늘크림을 만든다.
5. (4)의 마늘크림을 (1)의 썰어놓은 통밀빵 한쪽에 발라준 후 180℃ 오븐에서 노릇하게 구워준다.
6. 샐러드볼에 샐러드 채소 + 구운 베이컨 + 올리브 슬라이스 + 구운 마늘크림 통밀빵을 넣고 드레싱을 뿌려서 완성한다.

그리시니

● Grissini ●

시험시간	2시간 30분
공정법	스트레이트법
생산량	30g × 42개
형태	가늘고 긴 막대기형
준비물	볼, 비닐, 평철판, 주걱, 스크래퍼, 자, 온도계

그리시니는 긴 막대기 모양의 바삭바삭한 스틱으로 발효하여 오븐에 구운 이탈리아 하드계 빵이다.

밀가루에 물과 소금, 이스트를 함께 반죽하여 가늘고 길게 늘려 긴 연필 모양으로 구워서 만든 제품으로, 비슷한 제품으로는 프랑스의 롱계가 있다.

여러 곡물이나 향신료를 넣어 만든 건강식이며, 와인과 함께 곁들여도 좋다.

재료	비율(%)	무게(g)
강력분	100	700
설탕	1	7(6)
건조 로즈마리	0.14	1(2)
소금	2	14
이스트	3	21(22)
버터	12	84
올리브유	2	14
물	62	434
계	182.14	1,275(1,276)

요구사항

그리시니를 제조하여 제출하시오.

❶ 배합표의 각 재료를 계량하여 재료별로 진열하시오(**8분**).
- 재료계량(재료당 1분) → [감독위원 계량확인] → 작품제조 및 정리정돈(전체시험 시간−재료계량시간)
- 재료계량 시간내에 계량을 완료하지 못하여 시간이 초과된 경우 및 계량을 잘못한 경우는 추가의 시간 부여 없이 작품제조 및 정리정돈 시간을 활용하여 요구사항의 무게대로 계량
- 달걀의 계량은 감독위원이 지정하는 개수로 계량

❷ 전 재료를 동시에 투입하여 믹싱하시오(**스트레이트법**).

❸ 반죽온도는 **27℃**를 표준으로 하시오.

❹ 분할무게는 **30g**, 길이는 **35~40cm**로 성형하시오.

❺ 반죽은 **전량**을 사용하여 성형하시오.

제품 평가 기준

☐ **부피** : 분할무게와 비교해 부피가 알맞고 균일해야 한다.

☐ **외부균형** : 스틱 모양이 일정하고 균형 잡힌 대칭을 이루어야 한다.

☐ **껍질** : 고른 황갈색을 띠며 반점과 줄무늬가 없어야 한다.

☐ **내상** : 기공과 조직의 크기가 작지 않고 일정해야 한다.

☐ **맛과 향** : 부드러움과 바삭거림이 조화를 이루고 올리브유의 맛과 로즈마리 향 및 발효 향이 잘 어울려야 한다. 생 재료 맛, 탄 냄새 등이 없어야 한다.

제조공정

1_ 재료 계량 : 8분

가. 8분 이내에 재료를 손실 없이 정확하게 계량한다.

2_ 반죽 : 스트레이트법(발전단계 80%), 최종반죽온도 27℃

가. 믹싱볼에 전 재료를 모두 넣고 저속으로 혼합한다.

나. 고루 혼합되어 한 덩어리가 되면 중속으로 약 5분간 믹싱하여 발전단계(80%)까지 완성한다.

다. 최종반죽온도를 확인한다.

3_ 1차 발효 : 온도 27℃, 습도 70~ 80%, 시간 30분

가. 반죽을 둥글게 말아 볼에 담고, 표면에 비닐을 덮어 30분간 발효한다. 처음 부

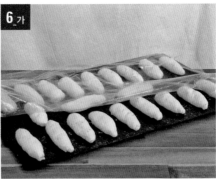

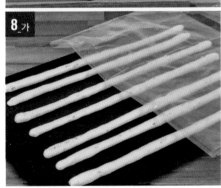

피의 2배, 밀가루를 묻힌 손가락으로 찔렀을 때 자국이 그대로 남을 때까지 발효한다.

4_ 분할 및 둥글리기 : 30g × 42개

가. 스크래퍼를 이용하여 30g씩 분할한다.

나. 표면을 매끄럽게 둥글리기한다.

5_ 중간발효 : 실온 10~15분

가. 표피가 마르지 않도록 비닐을 덮어 실온에서 중간발효한다.

6_ 성형 : 35~40cm의 가늘고 긴 막대기형

가. 둥글리기 한 순서대로 반죽을 약 10~15cm의 긴 타원형으로 가스를 빼가며 민다.

나. 모양을 잡아둔 순서대로 2~3차례 반복하며 서서히 밀어 35~40cm의 매끈한 막대형이 되게 하고, 끝이 타원형이 되게 마무리한다.

7_ 팬닝 : 1 평철판 × 10~11개씩, 총 4 평철판

가. 반죽이 구르는 것을 막기 위해 분무기를 이용하여 평철판에 물을 가볍게 뿌린다.

나. 완성된 반죽의 양 끝을 조심히 잡고 한 철판에 약 10~11개씩 균일한 간격으로 팬닝한다.

8_ 2차 발효 : 온도 30~35℃, 습도 75~85%, 시간 10~20분

가. 바삭한 식감을 위해 다른 제품보다 2차 발효 시간을 짧게 한다.

9_ 굽기 : 윗불 190~200℃ 아랫불 160℃, 시간 15~20분

가. 제품의 구워진 상태에 따라 온도를 조절하고, 팬을 돌려가며 균일한 황갈색이 나도록 굽는다.

10_냉각

가. 구워진 반죽을 바로 타공팬에 옮겨 냉각한다.

TIP

* 그리시니 반죽은 원활한 성형을 위하여 늘어지지 않게 오버믹싱하지 않고 다른 제품보다 1차, 2차 발효 시간이 짧다.

* 그리시니 반죽을 성형할 때에는 한 번에 밀지 않고 여러 차례 나눠 밀어야 표면이 찢어지지 않고 매끈하게 나온다. 길이와 두께가 일정해야 하며, 반죽이 줄어들 수 있으므로 약간 여유 있게 밀어준다.

* 그리시니는 바삭한 식감이 중요하므로 제품이 덜 구워져서 물렁한 식감을 가지지 않도록 주의하여 굽는다.

* 그리시니는 구운 후 바로 타공팬에 옮겨 냉각해야 휘지 않는다.

빼빼로
Pepero

스틱 그리시니의 모양을 이용해 빼빼로로 활용할 수 있습니다.

재료

완성된 그리시니 20개
다크초콜릿 200g(코팅용)
여러 가지 토핑 60g(버미셀리, 크런치 쿠키,
아몬드 분태, 코코넛 롱, 장식 구슬 등)

1. 다크초콜릿을 일회용 짤주머니에 넣고 중탕으로 녹여서 준비한다.

2. 완성된 그리시니에 녹인 초콜릿을 바르고 원하는 토핑을 뿌린다.

버터롤
◉ Butter Roll ◉

시험시간	3시간 30분
공정법	스트레이트법
생산량	50g × 24개
형태	번데기형
준비물	볼, 비닐, 평철판, 주걱, 스크래퍼, 밀대, 온도계

버터롤은 버터의 함량이 일반 빵보다 많은 빵이다. 버터롤은 남녀노소 모두 좋아하여 베이커리에서 오래전부터 판매되고 있다. 부드럽고 결이 좋아 아이들이 먹기에 좋으며, 잼 없이 그냥 먹어도 고소하다.

배합표

재료	비율(%)	무게(g)
강력분	100	900
설탕	10	90
소금	2	18
버터	15	135(134)
탈지분유	3	27(26)
달걀	8	72
이스트	4	36
제빵개량제	1	9(8)
물	53	477(476)
계	196	1,764

요구사항

버터롤을 제조하여 제출하시오.

❶ 배합표의 각 재료를 계량하여 재료별로 진열하시오(**9분**).
- 재료계량(재료당 1분) → [감독위원 계량확인] → 작품제조 및 정리정돈(전체시험 시간-재료계량시간)
- 재료계량 시간내에 계량을 완료하지 못하여 시간이 초과된 경우 및 계량을 잘못한 경우는 추가의 시간 부여 없이 작품제조 및 정리정돈 시간을 활용하여 요구사항의 무게대로 계량
- 달걀의 계량은 감독위원이 지정하는 개수로 계량

❷ 반죽은 **스트레이트법**으로 제조하시오(단, **유지는 클린업 단계에 첨가**하시오).

❸ 반죽온도는 **27℃**를 표준으로 하시오.

❹ 반죽 1개의 분할무게는 **50g**으로 제조하시오.

❺ 제품의 형태는 **번데기 모양**으로 제조하시오.

❻ **24개를 성형**하고, 남은 반죽은 감독위원의 지시에 따라 별도로 제출하시오.

제품 평가 기준

☐ **부피** : 분할무게와 비교해 부피가 알맞고 균일해야 한다.

☐ **외부균형** : 찌그러지지 않고 균일한 모양으로 균형 잡힌 대칭을 이루어야 하며, 가운데가 볼록한 모양이어야 한다.

☐ **껍질** : 부드럽고 색깔이 고르며 반점과 줄무늬가 없으며 광택이 나야 한다. 또한, 반죽의 선이 균일한 간격으로 나타나야 한다.

☐ **내상** : 기공과 조직이 일정하고 부드러우며 밝은 색상을 띠어야 한다.

☐ **맛과 향** : 버터 향과 발효향이 잘 어우러지며 빵의 부드러움이 조화를 이루어야 한다.

제조공정

1_ 재료 계량 : 9분

가. 9분 이내에 재료를 손실 없이 정확하게 계량한다.

2_ 반죽 : 스트레이트법(최종단계 100%), 최종반죽온도 27℃

가. 믹싱볼에 유지를 제외한 재료를 모두 넣고 저속으로 혼합하다, 한 덩어리가 되면 중속으로 클린업 단계까지 믹싱한다.

나. 클린업 단계가 되면 유지를 조금씩 넣고 저속 또는 중속으로 섞어준 후 고속으로 최종단계(100%)까지 믹싱한다.

다. 최종반죽온도를 확인한다.

3_ 1차 발효 : 온도 27℃, 습도 75～ 80%, 시간 60～70분

가. 반죽을 둥글게 말아 볼에 담고, 표면에

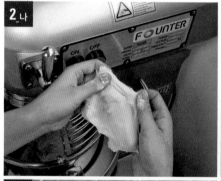

비닐을 덮어 60~70분간 발효한다. 처음 부피의 3배, 밀가루를 묻힌 손가락으로 찔렀을 때 손가락 자국이 살짝 오므라들다 멈춘 상태까지 발효한다.

4_ 분할 및 둥글리기 : 50g × 24개

가. 스크래퍼를 이용하여 50g씩 분할한다.

나. 표면을 매끄럽게 둥글리기한다.

5_ 중간발효 : 실온 10~15분

가. 표피가 마르지 않도록 비닐을 덮어 실온에서 발효한다.

6_ 성형 : 번데기형

가. 반죽을 손바닥으로 비벼 한쪽은 뾰족하고, 다른 한쪽은 둥근 올챙이 모양으로 만든다.

나. 반죽의 둥근 부분을 밀대로 살짝 밀어 고정한 후 뾰족한 꼬리 부분을 잡고 밀대를 이용하여 반죽을 아래로 살살 민다. 그 다음 위로도 다시 살살 밀어주어 길이 25~27cm, 폭 6~7cm 정도의 긴 이등변 삼각형 모양으로 늘린다.

다. 반죽의 넓은 부분부터 안쪽으로 좌우대칭이 되도록 수회하여 3겹 정도 밀어 번데기 모양으로 만든 후 끝부분을 당겨 아래쪽으로 붙인다.

7_ 팬닝 : 1 평철판 × 9개씩, 총 3 평철판

가. 평철판에 성형된 반죽의 이음매를 아래쪽으로 하여 간격을 맞춰 9개씩 놓는다.

나. 달걀물(물 3 : 달걀노른자 1)을 만들어 붓을 이용하여 반죽 윗면에 얇고 고르게 바른다. 달걀물이 흘러내려선 안 된다.

8_ 2차 발효 : 온도 35~40℃, 습도 80~90%, 시간 30~40분

가. 팬을 살짝 흔들었을 때 반죽이 살짝 흔들리는 상태까지 발효한다.

9_ 굽기 : 윗불 190℃ 아랫불 150~160℃, 시간 12~15분

가. 제품의 구워진 상태에 따라 온도를 조절하고, 팬을 돌려가며 균일한 황갈색이 나도록 굽는다.

10_냉각

가. 구워진 반죽을 타공팬에 옮겨 냉각한다.

TIP

* 버터롤 반죽은 유지가 많으므로 클린업 단계까지 반죽을 충분히 믹싱하고, 클린업 단계에서 유지를 여러 번 나눠 넣는다.

* 버터롤 성형 시 덧가루를 너무 많이 바르면 반죽이 미끄러져 잘 밀리지 않을 수 있으며, 반죽을 너무 얇게 밀면 롤의 결이 흐려지므로 주의한다.

* 반죽을 굽고 난 직후 달걀물을 한 번 더 얇게 바르면 제품에 더욱 윤기가 난다.

단호박 버터롤

Sweet Pumpkin Butter Roll

부드러운 버터롤과 달콤한 단호박이 조화롭습니다.

재료

버터롤 10개

단호박 스프레드

단호박 300g
건포도 30g
마요네즈 30g
연유 20g
황설탕 20g
소금

1. 단호박은 껍질을 벗기고 찜솥에 쪄준다(전자레인지 이용 시 6분간 조리).

2. 다 쪄진 단호박은 뜨거울 때 으깬 후 소금, 황설탕을 넣고 버무린다.

3. (2)를 한김 식힌 후 마요네즈, 연유, 건포도를 넣고 섞어준다(냉장고에서 냉각).

4. 버터롤 가운데에 칼집을 넣고 냉각시킨 단호박 스프레드를 채워준다.

모카빵
◉ Mocha Bread ◉

시험시간	3시간 30분
공정법	스트레이트법
생산량	250g × 6개
형태	타원형(럭비공형)
준비물	평철판, 주걱, 스크래퍼, 비닐, 밀대, 볼, 온도계, 거품기, 체

모카커피를 이용하여 만든 빵으로 커피빵이라고 한다. 모카빵의 특징은 커피를 첨가하고 윗부분에는 비스킷을 씌운다는 점이며, 커피의 고소한 맛과 부드러움, 비스킷의 단맛을 동시에 느낄 수 있다.

배합표

재료	비율(%)	무게(g)
강력분	100	850
물	45	382.5(382)
이스트	5	42.5(42)
제빵개량제	1	8.5(8)
소금	2	17(16)
설탕	15	127.5(128)
버터	12	102
탈지분유	3	25.5(26)
달걀	10	85(86)
커피	1.5	12.75(12)
건포도	15	127.5(128)
계	209.5	1,780.75 (1780)

▶ 충전물 (충전용 재료는 계량시간에서 제외)

재료	비율(%)	무게(g)
박력분	100	350
버터	20	70
설탕	40	140
달걀	24	84
베이킹파우더	1.5	5.25(5)
우유	12	42
소금	0.6	2.1(2)
계	198.1	693.35 (693)

요구사항

모카빵을 제조하여 제출하시오.

❶ 배합표의 각 재료를 계량하여 재료별로 진열하시오(**11분**).
- 재료계량(재료당 1분) → [감독위원 계량확인] → 작품제조 및 정리정돈(전체시험 시간−재료계량시간)
- 재료계량 시간내에 계량을 완료하지 못하여 시간이 초과된 경우 및 계량을 잘못한 경우는 추가의 시간 부여 없이 작품제조 및 정리정돈 시간을 활용하여 요구사항의 무게대로 계량
- 달걀의 계량은 감독위원이 지정하는 개수로 계량

❷ 반죽은 **스트레이트법**으로 제조하시오(단, **유지는 클린업 단계에서 첨가**하시오).

❸ 반죽온도는 **27℃**를 표준으로 사용하시오.

❹ 반죽 1개의 분할 무게는 **250g**, 1개당 **비스킷은 100g씩**으로 제조하시오.

❺ 제품의 형태는 **타원형(럭비공 모양)**으로 제조하시오.

❻ 토핑용 비스킷은 주어진 배합표에 의거 직접 제조하시오.

❼ **완제품 6개를 제출**하고 남은 반죽은 감독위원 지시에 따라 별도로 제출하시오.

제품 평가 기준

☐ **부피** : 분할 무게가 일정하며, 부피가 알맞고, 모양이 균일해야 한다.

☐ **외부균형** : 찌그러지거나 한쪽으로 쏠리지 않고 균일한 모양을 지니고 균형이 잘 잡혀야 한다.

☐ **껍질** : 비스킷이 전체적으로 골고루 덮여 있고, 균일한 균열이 나야 하며, 전체적으로 고른 황갈색을 띠고 반점과 줄무늬가 없어야 한다.

☐ **내상** : 조직이 너무 조밀하거나 큰 기공이 없어야 하며, 밝은 커피색을 띠어야 한다.

☐ **맛과 향** : 빵의 맛은 쫄깃해야 하며, 겉의 비스킷은 바삭하고 고소해야 한다. 또한, 커피향과 발효된 향이 조화로워야 하며, 탄냄새가 나거나 덜 익은 냄새가 나서는 안 된다.

1_ 재료 계량 및 전처리 : 11분

가. 충전물을 제외하고 11분 이내에 재료 손실 없이 정확하게 계량한다. 충전물은 반죽을 1차 발효할 동안 계량한다.

나. 커피는 물에 녹인다.

다. 건포도를 27℃의 물에 살짝 불린 후 체에 밭쳐 수분을 제거한다.

2_ 반죽 : 스트레이트법(최종단계 100%), 최종반죽온도 27℃

가. 믹싱볼에 유지와 건포도를 제외한 재료를 모두 넣고 저속으로 혼합하다, 한 덩어리가 되면 중속으로 클린업 단계까지 믹싱한다.

나. 클린업 단계가 되면 유지를 넣고 저속 또는 중속으로 섞어준 후 고속으로 최종단계(100%)까지 믹싱한다.

다. 전처리한 건포도에 약간의 강력분을 넣고 버무린 후 믹싱된 반죽에 넣고 저속으로 혼합한다.

라. 최종반죽온도를 확인한다.

3_ 1차 발효 : 온도 27℃, 습도 75~80%, 시간 45~60분

가. 반죽을 둥글게 말아 볼에 담고, 표면에 비닐을 덮어 45~60분간 발효한다. 처음 부피의 3배, 밀가루를 묻힌 손가락으로 찔렀을 때 손가락 자국이 살짝 오므라들나 법은 신태까지 박휴한다.

4_ 토핑용 비스킷 제조

가. 상온에 둔 버터를 부드럽게 풀어주고 설탕, 소금을 넣고 부드럽게 믹싱한 후 달걀을 조금씩 넣어 크림상태로 만든다.

나. (가)의 크림에 체에 내린 가루재료(박력분, 베이킹파우더)를 넣고 가볍게 섞은 후 우유를 넣으면서 반죽의 되기를 조절한다.

다. (나)의 반죽을 한 덩어리로 뭉쳐 비닐에 담아 냉장 휴지한다.

5_ 분할 및 둥글리기 : 250g × 6개

가. 스크래퍼를 이용하여 250g씩 분할한다.

나. 표면을 매끄럽게 둥글리기한다.

다. 토핑용 비스킷을 100g씩 분할하여 둥글리기한다.

6_ 중간발효 : 실온 10~15분

가. 표피가 마르지 않도록 비닐을 덮어 실온
   에서 중간발효한다.

7_ 성형 : 타원형(럭비공형)

가. 작업대 바닥에 덧가루를 살짝 뿌리고 밀
   대를 이용하여 반죽의 가스를 빼가며 타
   원형으로 균일하게 민다.

나. 반죽을 뒤집은 후 위에서부터 단단하게
   말아 17cm 크기의 럭비공 형태로 만들
   고 이음매를 잘 봉한다.

다. 분할해 둔 토핑용 비스킷을 빵 반죽의
   20~30% 더 큰 타원형의 넓이에, 두께
   0.3~0.4cm로 균일하게 민다.

라. (다) 위에 붓으로 물을 얇게 바르고 빵 반
   죽을 위에 올린 후 한 방향으로 굴려가며
   전체적으로 씌운다.

8_ 팬닝 : 1 평철판 × 3개씩, 총 2 평철판

가. 반죽의 이음매를 아래쪽으로 하여 한 철
   판에 3개씩 균일한 간격으로 팬닝한다.

9_ 2차 발효 : 온도 35~38℃, 습도
   85%, 시간 30~40분

가. 팬을 살짝 흔들었을 때 반죽이 살짝 흔들
   리고, 토핑이 살짝 갈라진 상태까지 발효
   한다.

10_굽기 : 윗불 180℃ 아랫불 160℃,
   시간 25~30분

가. 제품의 구워진 상태에 따라 온도를 조절
   하고, 팬을 돌려가며 균일한 황갈색이 나
   도록 굽는다.

11_냉각

가. 구워진 반죽을 바로 스크래퍼를 이용하
   여 타공팬에 옮겨 냉각한다.

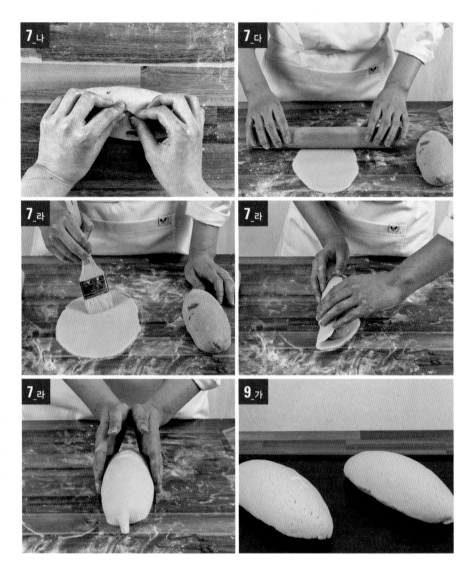

TIP

＊ 모카빵 반죽 시 건포도가 으깨어지면 발효에 지장이 생기므로 반죽의 마지막 단계에 넣고 저속으로 혼
   합한다.

＊ 모카빵 성형 시 건포도가 반죽 표면에 나오지 않도록 주의하며, 표면의 건포도는 반죽 속에 넣고 성형한
   다. 건포도가 표면에 있으면 굽는 과정에서 탈 수 있다.

＊ 빵 반죽은 발효 후 부피가 커지므로 비스킷 반죽이 빵 반죽을 충분히 감쌀 수 있는 크기로 밀어야 한다.

＊ 커피의 색으로 인하여 언더베이킹하기 쉬우므로 주의한다.

응용 레시피
모카 크림빵
Mocha Cream Bread

모카빵과 잘 어울리는 모카크림을 만들어 충전하여
판매 가치를 높일 수 있습니다.

재료

완성된 모카빵(3개)
버터 500g
달걀 2개
설탕 100g
물 25ml
럼주 20ml
커피 원액 20g

1. 냄비에 설탕과 물을 넣고 중불에서 118℃까지 끓여 시럽을 만든다.

2. 볼에 달걀을 넣고 멍울을 풀어준 후 (1)을 조금씩 넣어가며 휘핑해 준다(단, 한꺼번에 많은 양을 넣으면 달걀이 덩어리지니 조금씩 넣는다).

3. (2)에 실온에 둔 버터를 넣고 잘 휘핑한다.

4. (3)에 럼주, 커피 원액을 넣고 잘 섞어준다.

5. 완성된 모카빵 끝쪽 2cm 지점부터 간격 2cm 기준으로 8개의 칼집을 낸다.

6. (5)의 칼집 낸 부분에 모카크림을 짜서 속을 채워준다.

빵의 역사

빵은 B.C. 7,000년경부터 만들어 먹었을 것으로 추정되며, 이 당시에는 이스트가 들어가지 않은 비스킷 형태의 무발효빵을 소비하였다. 그 후 B.C. 4,000년경 고대 이집트 시대에 이르러 이스트(효모)가 발견되었고, 이를 이용한 발효빵이 개발되었다. 이때의 이집트인들은 이스트의 존재를 육안으로 확인할 수 없었기 때문에 이스트로 인해 부푼 빵 반죽을 조금 남겨두었다가, 다음 반죽에 집어넣어 다시 발효시키는 방법으로 빵을 만들었다.

이후 이집트에서 히브리 시대로 발전되어 온 빵은 종교의식에서 중요한 자리를 차지하였으며, 이후 그리스 로마 시대에 걸쳐 왕이 시민들에게 양질의 빵을 제공할 수 있는 것을 중요한 통치 방법의 하나로 사용하는 등 정치에서도 중요한 수단으로 이용되었다. 또한, 도시의 발달로 제빵 산업이 시작되었으며, 다양한 부재료를 이용한 빵들이 개발되기 시작하였다.

이후 중세시대와 근대시대를 지나며 유럽에서 아메리카대륙으로 제빵 산업이 이전되었으며, 본격적인 산업화의 시작으로 제빵의 기계식 자동 생산, 대량 생산의 시대가 시작되었다.

우리나라는 구한말 선교사들에 의하여 빵이 처음 유입되었을 것으로 추정되며, 최초의 기록은 러시아 손탁 부인이 정동구락부에서 빵과 과자를 제공했던 것이다. 이후 일제 강점기에 본격적으로 화과자와 양과자가 유입되었으며, 해방 후 제과제빵 기술을 가진 전문가들이 제과점을 열면서 빵의 시대가 시작되었다고 할 수 있다. 현재 우리나라는 많은 소비자들이 빵과 과자를 선호하고 있어, 앞으로도 그 전망이 밝다고 할 수 있다.

단과자빵(트위스트형)

◉ Sweet Dough Bread-Twist Bread ◉

시험시간	3시간 30분
공정법	스트레이트법
생산량	50g × 24개
형태	8자형, 달팽이형
준비물	평철판, 주걱, 스크래퍼, 비닐, 볼, 붓, 온도계

단과자빵은 달걀, 설탕, 유지 등의 배합량이 식빵류보다 높은 제품으로 모양, 충전물, 토핑 재료에 따라 명칭이 달라진다. 우리나라의 단과자빵에는 앙금빵, 크림빵, 소보로빵, 잼빵 등이 있다. 또한 다양한 모양을 꼬아서 만든 트위스트형 단과자빵도 있다.

트위스트형은 반죽을 길게 늘여 다양한 모양을 만드는 것으로 제빵사의 기술력을 확인할 수 있는 제품이다.

배합표

재료	비율(%)	무게(g)
강력분	100	900
물	47	422
이스트	4	36
제빵개량제	1	8
소금	2	18
설탕	12	108
쇼트닝	10	90
분유	3	26
달걀	20	180
계	199	1,788

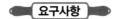
요구사항

단과자빵(트위스트형)을 제조하여 제출하시오.

❶ 배합표의 각 재료를 계량하여 재료별로 진열하시오(9분).
- 재료계량(재료당 1분) → [감독위원 계량확인] → 작품제조 및 정리정돈(전체시험 시간–재료계량시간)
- 재료계량 시간내에 계량을 완료하지 못하여 시간이 초과된 경우 및 계량을 잘못한 경우는 추가의 시간 부여 없이 작품제조 및 정리정돈 시간을 활용하여 요구사항의 무게대로 계량
- 달걀의 계량은 감독위원이 지정하는 개수로 계량

❷ 반죽은 **스트레이트법**으로 제조하시오(단, **유지는 클린업 단계에 첨가**하시오).

❸ 반죽온도는 **27℃**를 표준으로 하시오.

❹ 반죽분할 무게는 **50g**이 되도록 하시오.

❺ 모양은 **8자형 12개, 달팽이형 12개로 2가지 모양**으로 만드시오.

❻ **완제품 24개를 성형하여 제출**하고, 남은 반죽은 감독위원의 지시에 따라 별도로 제출하시오.

제품 평가 기준

☐ **부피** : 분할 무게가 일정하며, 부피와 모양이 균일해야 한다.

☐ **외부균형** : 제품이 찌그러지지 않아야 하며, 모양이 균일해야 하고, 모양 낸 형태가 선명해야 한다.

☐ **껍질** : 껍질 부분은 부드럽고 색상이 균일하게 나며, 줄무늬나 갈색 반점이 없어야 한다.

☐ **내상** : 기공이나 조직이 일정하며, 옅은 미색을 띠어야 한다.

☐ **맛과 향** : 식감이 부드럽고 과발효한 향이 나지 않고 부드러운 발효향이 나야 한다.

1_ 재료 계량 : 9분

가. 9분 이내에 재료 손실 없이 정확하게 계량한다.

2_ 반죽 : 스트레이트법(최종단계 100%), 최종반죽온도 27℃

가. 믹싱볼에 유지를 제외한 재료를 모두 넣고 저속으로 혼합하다, 한 덩어리가 되면 중속으로 클린업 단계까지 믹싱한다.

나. 클린업 단계가 되면 유지를 넣고 저속 또는 중속으로 섞어준 후 고속으로 최종단계(100%)까지 믹싱한다.

다. 최종반죽온도를 확인한다.

3_ 1차 발효 : 온도 27℃, 습도 75~80%, 시간 60~70분

가. 반죽을 둥글게 말아 볼에 담고, 표면에 비닐을 덮어 60~70분간 발효한다. 처음 부피의 3배, 밀가루를 묻힌 손가락으로 찔렀을 때 손가락 자국이 살짝 오므라들다 멈춘 상태까지 발효한다.

4_ 분할 및 둥글리기 : 50g × 24개

가. 스크래퍼를 이용하여 50g씩 분할한다.

나. 표면을 매끄럽게 둥글리기한다.

5_ 중간발효 : 실온 10~15분

가. 표피가 마르지 않도록 비닐을 덮어 실온에서 중간발효한다.

6_ 성형 : 8자형, 달팽이형

가. 둥글리기 한 순서대로 반죽을 2회에 걸쳐 긴 타원형으로 가스를 빼가며 민다.

[8자형]

나. 모양을 잡아둔 순서대로 손바닥을 편 상태로 반죽을 밀어가며, 30cm(최종 25cm) 정도의 길이로 균일하게 늘린다.

다. 반죽을 엄지와 검지손가락으로 잡고 중지 손가락에 걸고 위로 돌려 감아 8자형으로 한 바퀴 꼰 후 끝이 빠지지 않도록 고리 부분에 잘 넣는다.

[달팽이형]

나. 모양을 잡아둔 순서대로 손바닥을 편 상태로 반죽을 밀어가며, 반죽을 30~35cm 길이로 늘리며 한쪽 끝은 얇게 민다.

다. 반죽의 두꺼운 끝 부분을 바닥에 대고 손가락이 하나 들어갈 여유를 남긴 후 시계

방향으로 평평하고 느슨하게 달팽이 모양으로 돌려 감으며, 마지막 얇은 부분은 반죽의 아래쪽에 붙인다.

7_ 팬닝 : 1 평철판 × 11~12개씩, 총 2 평철판

가. 평철판에 성형된 반죽의 이음매를 아래쪽으로 하여 간격을 맞춰 11~12개씩 놓는다.

나. 달걀물(물 3 : 달걀노른자 1)을 만들어 붓을 이용하여 반죽 윗면에 얇고 고르게 바른다. 달걀물이 흘러내려선 안 된다.

8_ 2차 발효 : 온도 35~40℃, 습도 80~90%, 시간 30~40분

가. 팬을 살짝 흔들었을 때 반죽이 살짝 흔들리는 상태까지 발효한다. 2차 발효를 과하게 하면 성형된 모양이 흐트러지므로 주의한다.

9_ 굽기 : 윗불 190℃ 아랫불 150℃, 시간 12~15분

가. 제품의 구워진 상태에 따라 온도를 조절하고, 팬을 돌려가며 균일한 황갈색이 나도록 굽는다.

10_ 냉각

가. 구워진 반죽을 스크래퍼를 이용하여 타공팬에 옮겨 냉각한다.

달팽이형

달팽이형

달팽이형

달팽이형

TIP

＊ 트위스트 반죽을 성형할 때에는 한 번에 밀지 않고 여러 차례 나눠 밀어야 표면이 찢어지지 않고 매끈하게 나온다. 길이와 두께가 일정해야 하며, 반죽이 줄어들 수 있으므로 약간 여유 있게 밀어준다.

＊ 8자형을 성형 시에는 마지막 꼬리 부분이 여유 있게 나와야 발효 후에 빠지지 않는다.

＊ 트위스트빵의 2차 발효를 과하게 하면 성형된 모양이 흐트러지므로 주의한다.

＊ 반죽을 굽고 난 직후 달걀물을 한 번 더 얇게 바르면 제품에 더욱 윤기가 난다.

우유 크림빵
Milk Cream Bread

다양하고 부드러운 트위스트 빵에 신선한 우유향이 가득한 크림을 충전하여 아이들이 좋아하는 빵으로 응용할 수 있습니다.

재료

완성된 트위스트빵 10개

충전용 우유크림

우유 450g
생크림 150g
바닐라 오일 1ts
설탕 100g
옥수수전분 20g
밀가루(박력분) 20g
연유 40g

1. 볼에 바닐라 오일을 제외한 모든 재료를 넣고 잘 섞어준다. 밀가루와 옥수수전분이 덩어리지지 않게 주의한다.

2. (1)을 계속 저어가며 중탕한다.

3. (2)가 걸쭉해지면 바닐라 오일을 넣고 불에서 내려 식힌다.

4. 완성된 크림을 빵에 샌드한다.

밀가루(flour)

밀은 기원전 1만~1만 5,000년 경부터 아프가니스탄에서 재배되기 시작했을 것으로 추정되는 역사상 가장 오래된 작물 중에 하나로, 고온에서 약하기 때문에 여름철 평균 기온이 14℃인 지대에서 잘 재배된다.

밀은 밀 조직의 경도에 따라 경질밀과 연질밀로 분류되는데, 경질밀은 밀가루의 단백질인 글루텐 함량이 높고, 수분 함량이 낮은 밀이고, 연질밀은 단백질 함량이 낮고, 수분 함량이 많은 밀이다.

밀을 제분하여 만든 것을 밀가루라고 하는데, 이 밀가루의 제분 과정은 불순물을 제거하는 정선 과정, 밀을 제분하기 쉽게 물을 가하는 가수 공정, 밀을 가는 조쇄 공정, 밀을 분류하는 사별 공정, 밀의 껍질을 없애 순도를 높이는 순화 공정, 마지막으로 숙성 및 포장 공정을 거쳐 출하한다. 밀가루는 보통 단백질 함량에 따라 분류한다. 단백질 함량이 가장 높은 것은 강력분으로 경질밀을 분쇄하여 만들어지며, 밀가루 단백질인 글루텐의 함량이 11~13% 정도이다. 따라서 탄력성과 점성이 강하여 쫄깃한 식감이 중요한 빵을 만들 때 주로 이용되는 밀가루이다. 다음으로 중력분은 연질밀로 주로 만들어지며, 밀가루 단백질인 글루텐 함량이 10% 정도 되고, 주로 면류의 반죽에 이용된다. 마지막으로 박력분은 연질밀로 만들어지며, 글루텐 함량이 8~9% 정도이다. 박력분은 탄력성과 점성이 약하여 부드럽거나 바삭한 질감이 중요한 케이크, 쿠키류 등을 만들 때 주로 이용된다.

단과자빵(소보로빵)

● Sweet Dough Bread-Streusel ●

시험시간	3시간 30분
공정법	스트레이트법
생산량	46g × 24개
형태	원형
준비물	평철판, 주걱, 스크래퍼, 비닐, 거품기, 볼, 온도계, 붓

단과자빵은 달걀, 설탕, 유지 등의 배합량이 식빵류보다 높은 제품으로 모양, 충전물, 토핑 재료에 따라 명칭이 달라진다. 우리나라의 단과자빵에는 앙금빵, 크림빵, 소보로빵, 잼빵 등이 있다. 또한, 다양한 모양을 꼬아서 만든 트위스트형 단과자빵도 있다.

소보로는 단과자빵 중 표면에 소보로 가루를 묻혀서 오븐에서 구운 달콤한 맛의 일본빵이다. 원래 소보로는 일본어로 생선, 고기 등을 으깨어 양념한 다음 지져낸 식품에서 유래된 말이다.

우리나라에서는 곰보빵 또는 못난이빵이라고도 부른다.

배합표

재료	비율(%)	무게(g)
강력분	100	900
물	47	423(422)
이스트	4	36
제빵개량제	1	9(8)
소금	2	18
마가린	18	162
탈지분유	2	18
달걀	15	135(136)
설탕	16	144
계	205	1,845(1,844)

▶ 토핑물 (토핑용 재료는 계량시간에서 제외)

재료	비율(%)	무게(g)
중력분	100	300
설탕	60	180
마가린	50	150
땅콩버터	15	45(46)
달걀	10	30
물엿	10	30
탈지분유	3	9(10)
베이킹파우더	2	6
소금	1	3
계	251	753

요구사항

단과자빵(소보로빵)을 제조하여 제출하시오.

❶ 빵반죽 재료를 계량하여 재료별로 진열하시오(9분).
- 재료계량(재료당 1분) → [감독위원 계량확인] → 작품제조 및 정리정돈(전체시험 시간-재료계량시간)
- 재료계량 시간내에 계량을 완료하지 못하여 시간이 초과된 경우 및 계량을 잘못한 경우는 추가의 시간 부여 없이 작품제조 및 정리정돈 시간을 활용하여 요구사항의 무게대로 계량
- 달걀의 계량은 감독위원이 지정하는 개수로 계량

❷ 반죽은 **스트레이트법**으로 제조하시오(단, **유지는 클린업 단계에 첨가**하시오).

❸ 반죽온도는 **27℃**를 표준으로 하시오.

❹ 반죽 **1개의 분할무게는 50g씩, 1개당 소보로 사용량은 약 30g**으로 제조하시오.

❺ 토핑용 소보로는 배합표에 의거 직접 제조하여 사용하시오.

❻ 반죽은 **24개를 성형하여 제조**하고, 남은 반죽과 토핑용 소보로는 감독위원에 지시에 따라 별도로 제출하시오.

제품 평가 기준

☐ **부피** : 분할무게가 일정하며, 부피가 알맞고, 모양이 균일해야 한다.

☐ **외부균형** : 찌그러지거나 한쪽으로 쏠리지 않고 균일한 모양을 지니고 균형이 잘 잡혀야 한다.

☐ **껍질** : 토핑의 두께와 넓이가 일정해야 하고, 탄 흔적이 없어야 하며, 갈라짐과 색상이 균일해야 한다.

☐ **내상** : 조직이 너무 조밀하거나 큰 기공이 없어야 하며, 연한 노란색을 띠어야 한다.

☐ **맛과 향** : 빵의 맛은 쫄깃해야 하며, 겉의 토핑은 바삭하고 고소해야 하며, 땅콩향이 조화롭고, 탄 냄새가 나거나 덜 익은 냄새가 나서는 안 된다.

1_ 재료 계량 : 9분

가_ 충전물을 제외하고 9분 이내에 재료 손실 없이 정확하게 계량한다.

2_ 반죽 : 스트레이트법(최종단계 100%), 최종반죽온도 27℃

가_ 믹싱볼에 유지를 제외한 재료를 모두 넣고 저속으로 혼합하다, 한 덩어리가 되면 중속으로 클린업 단계까지 믹싱한다.

나_ 클린업 단계가 되면 유지를 조금씩 넣고 저속 또는 중속으로 섞어준 후 고속으로 최종단계(100%)까지 믹싱한다.

다_ 최종반죽온도를 확인한다.

3_ 1차 발효 : 온도 27℃, 습도 75~ 80%, 시간 60~70분

가_ 반죽을 둥글게 말아 볼에 담고, 표면에 비닐을 덮어 60~70분간 발효한다. 처음 부피의 3배, 밀가루를 묻힌 손가락으로 찔렀을 때 손가락 자국이 살짝 오므라들 디 멈춘 상대끼지 **발효**한다.

4_ 토핑 제조

가_ 상온에 둔 마가린과 땅콩버터를 혼합하여 부드럽게 풀어준 후 설탕, 물엿, 소금을 넣고 크림화 한다.

나_ (가)에 달걀을 조금씩 넣으며 부드럽게 휘핑한다.

다_ (나)에 체에 내린 가루재료(중력분, 분유, 베이킹피우더)를 넣고 주걱으로 가볍게 비비다가 손으로 털어주며 보슬보슬하게 섞는다.

5_ 분할 및 둥글리기 : 46g × 24개

가_ 스크래퍼를 이용하여 46g씩 분할한다.

나_ 표면을 매끄럽게 둥글리기한다.

6_ 중간발효 : 실온 10~15분

가_ 표피가 마르지 않도록 비닐을 덮어 실온에서 중간발효한다.

7_ 성형 : 원형

가_ 소보로를 작업대에 펼쳐 두고 둥글리기 한 반죽 윗면에 물을 살짝 묻힌 후 그 부분을 소보로 토핑 위에 얹는다.

나_ 손가락에 붙지 않도록 소보로 바닥에 약간의 소보로를 올린 후 손가락을 올리고 위아래로 꾹 눌러 소보로를 전체적으로 묻힌다.

다. 반대편 손바닥에 소보로 부분이 닿도록 놓고 손가락을 떼어낸 후 팬에 볼록한 모양을 살려 올린다.

8_ 팬닝 : 1 평철판 × 12개씩, 총 2 평철판

가. 평철판에 성형된 반죽의 이음매를 아래쪽으로 하여 간격을 맞춰 12개씩 놓는다.

9_ 2차 발효 : 온도 35~40℃, 습도 80~90%, 시간 30~40분

가. 팬을 살짝 흔들었을 때 반죽이 살짝 흔들리는 상태까지 발효한다.

10_ 굽기 : 윗불 180℃ 아랫불 150℃, 시간 12~15분

가. 제품의 구워진 상태에 따라 온도를 조절하고, 팬을 돌려가며 균일한 황갈색이 나도록 굽는다.

11_ 냉각

가. 구워진 반죽을 스크래퍼를 이용하여 타공팬에 옮겨 냉각한다.

┈TIP┈

[단과자빵(소보로빵)]

＊ 소보로는 크림화를 적게 해야 질지 않은 적당한 농도가 되어 구운 후 보기 좋은 균열이 나타나므로, 만약 질어졌을 경우 밀가루를 조금 더 넣고 섞어 농도를 맞춘다.

＊ 소보로 토핑은 가장자리까지 일정한 두께로 균일하게 묻혀야 구웠을 때 찌그러지지 않고 일정한 모양을 낼 수 있다.

[단팥빵]

＊ 비상스트레이트법은 다른 제품과 비교하여 믹싱은 보다 길게 하는 반면, 발효를 짧게 진행하여 시간을 단축한다.

＊ 단팥빵 성형 시 앙금을 헤라로 너무 누르면 굽고 난 후 반죽 윗면에 앙금이 비칠 수 있도록 주의한다.

＊ 단팥빵 성형 시 헤라로 숨구멍을 내주지 않으면 2차 발효 동안 중앙의 구멍이 사라질 수 있다.

＊ 반죽을 굽고 난 직후 달걀물을 한 번 더 얇게 바르면 제품에 더욱 윤기가 난다.

멜론빵

Melon Bread

소보로 토핑 비스킷에 멜론시럽을 넣어 색과 맛을 다양화 시킨 제품입니다.

재료

1차 발효된 반죽 300g(6개 분량)

버터 40g

설탕 70g

소금 2g

달걀 40g

박력분 120g

멜론시럽 10g

1. 볼에 버터, 설탕, 소금을 넣고 부드럽게 푼다.

2. (1)에 달걀을 조금씩 넣으며 휘핑한다.

3. (2)에 체에 내린 박력분, 멜론시럽을 넣고 반죽한다.

4. 소보로빵 반죽에 소보로 대신 멜론 비스킷을 감싸준 후 굽는다(본문 성형과정 참고).

5. 윗불 180℃ 아랫불 150℃ 오븐에서 12~15분간 구워준다.

푸드스타일링과 배색의 구성요소

배색이란?

일반적으로 2색 이상을 사용해 구성하는 색의 조합이다. 색의 배색에는 식재료에 대한 색의 조화를 뜻할 뿐만 아니라 배경이나 소품, 그릇 등에 대한 색의 조화도 포함된다.

배색의 구성요소

① 주조색(dominant color)

사용된 배색 중에서 넓은 면적 (60~70%)을 차지하며 기본이 되고 전체적인 분위기를 결정하는 색으로 주로 배경으로 이용된다.

② 보조색(assort color)

전체 면적의 20~30%를 차지하며 주조색을 보조하고 유사색이나 반대색을 사용하여 전체적인 변화를 주는 역할을 담당한다.

③ 강조색(accent color)

장식색이라고도 하며 차지하는 면적은 5~10%로 가장 작지만 배색 중에 제일 눈에 띄는 포인트 컬러로 전체 색조를 마무리하거나 시선을 집중시키는 효과가 있다.

주조색	보조색	강조색

단과자빵(크림빵)

◉ Sweet Dough Bread-Cream Buns ◉

시험시간	3시간 30분
공정법	스트레이트법
생산량	45g × 24개
형태	반달형
준비물	평철판, 주걱, 스크래퍼, 밀대, 붓, 볼, 비닐, 온도계, 헤라

단과자빵은 달걀, 설탕, 유지 등의 배합량이 식빵류보다 높은 제품으로 모양, 충전물, 토핑 재료에 따라 명칭이 달라진다.

우리나라의 단과자빵에는 앙금빵, 크림빵, 소보로빵, 잼빵 등이 있다. 또한, 다양한 모양을 꼬아서 만든 트위스트형 단과자빵도 있다.

시험 과제는 여러 가지의 충전물 중 커스터드 크림을 충전하여 굽거나 구워져 나온 빵에 충전물을 채워 만드는 반달모양의 제품이다.

재료	비율(%)	무게(g)
강력분	100	800
물	53	424
이스트	4	32
제빵개량제	2	16
소금	2	16
설탕	16	128
쇼트닝	12	96
분유	2	16
달걀	10	80
계	201	1,608

▶ 충전물 (충전용 재료는 계량시간에서 제외)

커스터드크림	(1개당 30g)	360

요구사항

단과자빵(크림빵)을 제조하여 제출하시오.

❶ 배합표의 각 재료를 계량하여 재료별로 진열하시오(**9분**).
- 재료계량(재료당 1분) → [감독위원 계량확인] → 작품제조 및 정리정돈(전체시험 시간−재료계량시간)
- 재료계량 시간내에 계량을 완료하지 못하여 시간이 초과된 경우 및 계량을 잘못한 경우는 추가의 시간 부여 없이 작품제조 및 정리정돈 시간을 활용하여 요구사항의 무게대로 계량
- 달걀의 계량은 감독위원이 지정하는 개수로 계량

❷ 반죽은 **스트레이트법**으로 제조하시오(단, **유지는 클린업 단계에 첨가**하시오).

❸ 반죽온도는 **27℃**를 표준으로 사용하시오.

❹ 반죽 **1개의 분할무게는 45g, 1개당 크림 사용량은 30g**으로 제조하시오.

❺ 제품 중 **12개는 크림을 넣은 후 굽고, 12개는 반달형으로 크림을 충전하지 말고 제조**하시오.

❻ 남은 반죽은 감독위원의 지시에 따라 별도로 제출하시오.

제품 평가 기준

☐ **부피** : 분할 무게가 일정하며, 부피와 모양이 균일해야 한다.
☐ **외부균형** : 전체적으로 반달모양이 대칭을 이루고, 찌그러짐이 없어야 한다.
☐ **껍질** : 껍질은 부드러우며, 광택과 색깔이 고르게 나야 하고, 충전물이 흐른 흔적이 없어야 한다.
☐ **내상** : 충전물인 크림이 중앙에 위치해야 하고, 기공이나 조직이 일정하며, 옅은 미색을 띠어야 한다.
☐ **맛과 향** : 충전물의 맛과 빵의 발효 향이 잘 어우러져야 한다.

제조공정

1_ 재료 계량 : 9분

2_ 반죽 : 스트레이트법(최종단계 100%), 최종반죽온도 27℃
가. 믹싱볼에 유지를 제외한 재료를 모두 넣고 저속으로 혼합하다, 한 덩어리가 되면 중속으로 클린업 단계까지 믹싱한다.
나. 클린업 단계가 되면 유지를 조금씩 넣고 저속 또는 중속으로 섞어준 후 고속으로 최종단계(100%)까지 믹싱한다.
다. 최종반죽온도를 확인한다.

3_ 1차 발효 : 온도 27℃, 습도 75∼ 80%, 시간 60∼70분
가. 반죽이 처음 부피의 3배, 밀가루를 묻힌 손가락으로 찔렀을 때 손가락 자국이 살짝 오므라들다 멈춘 상태까지 발효한다.

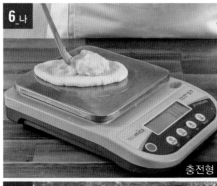
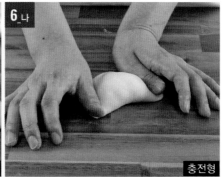

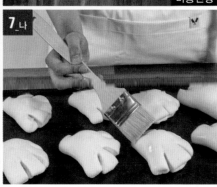
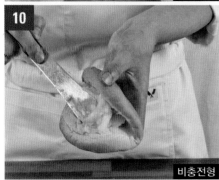

4_ 분할 및 둥글리기 : 45g × 24개

가. 스크래퍼를 이용하여 45g씩 분할한다.

나. 표면을 매끄럽게 둥글리기한다.

5_ 중간발효 : 실온 10~15분

6_ 성형 : 반달형

[충전형 제품(12개)]

가. 반죽을 폭 7~8cm, 길이 15cm 정도의 긴 타원형 형태로 민다.

나. 반죽을 저울에 올리고 반죽 중앙에 커스터드크림 30g을 넣고 반으로 접는다. 이때 위에 덮은 반죽이 0.5cm 정도 더 앞으로 나오도록 붙이고 가장자리 부분을 손가락으로 살짝 눌러 고정한다.

다. 스크래퍼를 이용하여 손가락 모양이 나도록 2cm 깊이로 4~5개 칼집을 균일한 간격으로 넣는다. 중앙에 먼저 칼집을 내고, 양옆에 두 개씩 칼집을 내면 쉽다.

[비충전형 제품(12개)]

가. 밀대를 이용하여 같은 형태로 민 후 뒤집어 작업대에 놓는다.

나. 다음 반죽을 밀고 덧가루를 묻혀 앞의 반죽이 1/2부분에 살짝 비치고 낸니.

다. 붓을 이용하여 식용유를 겹쳐 둔 반죽의 위로 고르게 발라준다. 반죽의 절반을 바른다고 생각하면 된다.

라. 식용유가 발리지 않은 부분의 반죽을 위로 덮어 반달 모양을 만든다. 이때 위에 덮은 반죽이 아래 반죽보다 0.5cm 정도 더 앞으로 나오도록 붙인다.

7_ 팬닝 : 1 평철판 × 12개씩, 총 2 평철판

가. 평철판에 성형된 반죽의 이음매를 아래쪽으로 하여 간격을 맞춰 12개씩 놓는다.

나. 달걀물(물 3 : 달걀노른자 1)을 만들어 반죽 윗면에 얇고 고르게 바른다.

8_ 2차 발효 : 온도 35~40℃, 습도 80~90%, 시간 30~40분

가. 팬을 살짝 흔들었을 때 반죽이 살짝 흔들리는 상태로 발효한다.

9_ 굽기 : 윗불 180℃ 아랫불 150℃, 시간 12~15분

10_ 냉각 및 충전물 충전

가. 반죽을 냉각 후 비충전형 제품은 접힌 부분을 벌려 커스터드 크림을 30g씩 채운 후 반으로 접는다.

TIP

* 크림빵 반죽을 타원형으로 성형할 때에는 반죽이 수축하지 않도록 2번에 나누어서 민다.

* 크림빵 반죽에 크림을 충전할 때에는 새어 나오지 않도록 정 중앙에 충전한다.

* 크림빵의 2차 발효를 과하게 하면 성형된 모양이 흐트러지므로 주의한다.

* 비충전형 크림빵을 구울 때는 아랫불을 10~20℃ 낮춰 굽는 것이 좋다.

* 반죽을 굽고 난 직후 달걀물을 한 번 더 얇게 바르면 제품에 더욱 윤기가 난다.

응용 레시피

녹차 & 초콜릿 크림
Green Tea & Chocolate Cream

크림빵의 크림을 다양하게 넣어 응용할 수 있습니다. 요즘 트렌드인 초코크림과 녹차크림을 용용해 보았습니다.

🥄 재료

완성한 비충전형 빵 20개
생크림 500ml
설탕 100g
녹차파우더 10g
커버춰 초콜릿 100g

1. 생크림에 설탕을 넣고 90% 휘핑을 올린다.

2. 휘핑한 생크림 250ml에 녹차파우더를 혼합하여 녹차크림을 만든다.

3. 커버춰 초콜릿은 중탕하여 녹인다.

4. 휘핑한 생크림 250ml에 (3)의 초콜릿을 넣고 혼합하여 초콜릿크림을 만든다.

5. 구워놓은 빵에 각각의 크림을 충전한다.

단팥빵

● Red Bean Bread ●

비상
스트레이
트법

시험시간	3시간
공정법	비상스트레이트법
생산량	50g × 24개
형태	원형
준비물	평철판, 주걱, 스크래퍼, 비닐, 볼, 붓, 헤라, 온도계, 목란

단팥빵은 팥앙금빵, 안빵이라고도 하며, 일본에서 처음 만들어졌다. 빵 안에 팥고물이 들어있는 평평하고 둥근 원형의 빵으로 1874년 일본의 이바라키 지방 출신의 키무라 부자가 처음 만들어 긴자의 가게에서 팔기 시작한 것이 단팥빵의 시초이다.

배합표

재료	비율(%)	무게(g)
강력분	100	900
물	48	432
이스트	7	63(64)
제빵개량제	1	9(8)
소금	2	18
설탕	16	144
마가린	12	108
탈지분유	3	27(28)
달걀	15	135(136)
계	204	1,836(1,838)

▶ 충전물 (충전용 재료는 계량시간에서 제외)

재료	비율(%)	무게(g)
통팥앙금	–	960

요구사항

단팥빵(비상스트레이트법)을 제조하여 제출하시오.

❶ 배합표의 각 재료를 계량하여 재료별로 진열하시오(**9분**).
  • 재료계량(재료당 1분) → [감독위원 계량확인] → 작품제조 및 정리정돈(전체시험시간−재료계량시간)
  • 재료계량 시간내에 계량을 완료하지 못하여 시간이 초과된 경우 및 계량을 잘못한 경우는 추가의 시간 부여 없이 작품제조 및 정리정돈 시간을 활용하여 요구사항의 무게대로 계량
  • 달걀의 계량은 감독위원이 지정하는 개수로 계량

❷ 반죽은 **비상스트레이트법**으로 제조하시오(단, **유지는 클린업 단계에 첨가**하고 반죽온도는 **30℃**로 한다).

❸ 반죽 1개 분할 무게는 **50g**, 팥앙금 무게는 **40g**으로 제조하시오.

❹ 반죽은 **24개 성형하여 제조**하고, 남은 반죽은 감독위원의 지시에 따라 별도로 제출하시오.

제품 평가 기준

☐ **부피** : 분할무게가 일정하며, 부피와 모양이 균일해야 한다.
☐ **외부균형** : 제품이 찌그러지지 않아야 하며, 모양이 균일해야 한다.
☐ **껍질** : 껍질 부분은 부드럽고 황갈색이 균일하게 나고 줄무늬나 갈색 반점이 없어야 한다.
☐ **내상** : 기공이나 조직이 일정하며, 팥앙금이 중앙에 위치하고, 위 껍질이나 바닥에 비치지 않아야 한다.
☐ **맛과 향** : 식감이 부드럽고 팥앙금이 잘 어우러지며, 과발효한 향이 나지 않아야 한다.

제조공정

1_ 재료 계량 : 9분

가. 충전물을 제외하고 9분 이내에 재료 손실 없이 정확하게 계량한다.

2_ 반죽 : 비상스트레이트법(최종단계 후기 120%), 최종반죽온도 30℃

가. 믹싱볼에 유지를 제외한 재료를 모두 넣고 저속으로 혼합하다, 한 덩어리가 되면 중속으로 클린업 단계까지 믹싱한다.

나. 클린업 단계가 되면 유지를 넣고 저속 또는 중속으로 섞어준 후 고속으로 최종단계후기(120%)까지 믹싱한다.

다. 최종반죽온도를 확인한다.

3_ 1차 발효 : 온도 30℃, 습도 75~80%, 시간 15~30분

가. 반죽이 처음 부피의 2배, 밀가루를 묻힌

손가락으로 찔렀을 때 손가락 자국이 살짝 오므라들다 멈춘 상태까지 발효한다.

나. 팥앙금을 40g씩 계량하여 둥글게 만든다.

4_ 분할 및 둥글리기 : 50g × 24개

가. 스크래퍼를 이용하여 50g씩 분할한다.

나. 표면을 매끄럽게 둥글리기한다.

5_ 중간발효 : 실온 10~15분

가. 표피가 마르지 않도록 비닐을 덮어 실온에서 중간발효한다.

6_ 성형 : 원형

가. 반죽을 손으로 둥글납작하게 누르며 가스를 뺀다.

나. 깨끗한 부분이 손바닥으로 가도록 손에 올린 후 팥앙금 40g을 중앙에 넣는다.

다. 손가락으로 반죽을 돌려가며 헤라를 이용하여 앙금이 보이지 않도록 눌러주면서 감싸준 후 이음매를 잘 봉한다.

7_ 팬닝 : 1 평철판 × 12개씩, 총 3 평철판

가. 평철판에 성형된 반죽의 이음매를 아래쪽으로 하여 간격을 맞춰 12개씩 놓고 손바닥으로 균일하게 누르거나 목란의 납작한 면으로 눌러 둥글납작한 원형을 만든다.

나. 심사위원의 지시에 따라 제품의 정 가운데를 목란을 돌려가며 눌러주어 얇은 피막이 남은 구멍이 되도록 해준다. 구멍 부분의 양 옆을 헤라로 찍어 눌러 숨구멍을 낸다.

다. 달걀물(물 3 : 달걀노른자 1)을 만들어 붓을 이용하여 반죽 윗면에 얇고 고르게 바른다. 달걀물이 흘러내려선 안 된다.

8_ 2차 발효 : 온도 35~40℃, 습도 80~90%, 시간 30~40분

가. 팬을 살짝 흔들었을 때 반죽이 살짝 흔들리는 상태까지 발효한다.

9_ 굽기 : 윗불 180℃ 아랫불 150℃, 시간 12~15분

가. 제품의 구워진 상태에 따라 온도를 조절하고, 팬을 돌려가며 균일한 황갈색이 나도록 굽는다.

10_ 냉각

가. 구워진 반죽을 타공팬에 옮겨 냉각한다.

TIP

＊ 단팥빵 성형 시 앙금을 헤라로 너무 누르면 굽고 난 후 반죽 윗면에 앙금이 비칠 수 있으므로 주의한다.

＊ 단팥빵 성형 시 헤라로 숨구멍을 내주지 않으면 2차 발효 동안 중앙의 구멍이 사라질 수 있다.

단팥 소보로 튀김
Fried Sweet Red Bean Soboro

> 기존 단팥빵에 소보로를 토핑하여 튀기는 식의 조리법을 달리하여 맛과 풍미를 증가시킨 제품입니다.

재료

성형한 단팥빵
소보로 반죽(소보로빵에서 참고)
식용유

1. 성형한 단팥빵 윗면에 소보로빵과 같은 방법으로 소보로 반죽을 눌러 묻힌 다음 발효실에 발효한다.
2. (1)을 160~170℃ 기름에서 황금색이 나도록 튀긴다.

∽ 단팥앙금 만드는 방법 ∽

재료

붉은팥 160g
소금 1/2작은술
설탕 60g
물엿 30g
물 40g

1. 붉은팥은 씻어 물을 넉넉히 붓고 끓어오르면 물을 버린다.
2. 다시 한 번 물을 부어(팥 1컵 + 물 10컵) 푹 무르게 삶는다.
3. 삶은 팥은 고운체에 내려 준다.
4. 체에 내린 앙금은 면포에 싸서 물기를 빼준다.
5. 물을 짜낸 앙금에 소금, 설탕, 물엿, 분량의 물을 넣고 윤기가 날 때까지 조린다(팥앙금은 쉽게 탈 수 있으니 불조절에 유의한다).

스위트롤
◉ Sweet Roll ◉

시험시간	3시간 30분
공정법	스트레이트법
형태	야자잎형 12개, 트리플리프(세잎새형) 9개
준비물	평철판, 주걱, 스크래퍼, 밀대, 붓, 믹싱볼, 비닐, 온도계

스위트롤은 이스트로 발효시킨 빵 베이스에 시나몬 설탕을 충전하여 다양한 모양으로 만든 달콤한 맛의 롤빵이며, 견과류, 향신료, 시럽, 젤라틴 등의 재료를 겉에 입히지 않는 모든 롤빵을 말한다. 미국에서 널리 만들어 먹으며, 원래는 영국에서 처음 만들어졌다.

일반적으로 충전 재료로 시나몬 설탕을 쓰지만 때에 따라서 고구마필링이나, 단호박필링, 팥앙금 등을 사용하기도 한다.

재료	비율(%)	무게(g)
강력분	100	900
물	46	414
이스트	5	45(46)
제빵개량제	1	9(10)
소금	2	18
설탕	20	180
쇼트닝	20	180
탈지분유	3	27(28)
달걀	15	135(136)
계	212	1,908(1,912)

▶ 충전물 (충전용 재료는 계량시간에서 제외)

재료	비율(%)	무게(g)
충전용 설탕	15	135(136)
충전용 계피가루	1.5	13.5(14)

요구사항

스위트롤을 제조하여 제출하시오.

❶ 배합표의 각 재료를 계량하여 재료별로 진열하시오(9분).
- 재료계량(재료당 1분) → [감독위원 계량확인] → 작품제조 및 정리정돈(전체시험 시간−재료계량시간)
- 재료계량 시간내에 계량을 완료하지 못하여 시간이 초과된 경우 및 계량을 잘못한 경우는 추가의 시간 부여 없이 작품제조 및 정리정돈 시간을 활용하여 요구사항의 무게대로 계량
- 달걀의 계량은 감독위원이 지정하는 개수로 계량

❷ 반죽은 **스트레이트법**으로 제조하시오(단, **유지는 클린업 단계에 첨가**하시오).

❸ 반죽온도는 **27℃**를 표준으로 사용하시오.

❹ **야자잎형 12개, 트리플리프(세잎새형) 9개**를 만드시오.

❺ **계피설탕**은 각자가 제조하여 사용하시오.

❻ 성형 후 남은 반죽은 감독위원의 지시에 따라 별도로 제출하시오.

제품 평가 기준

☐ **부피** : 분할무게와 부피가 일정해야 하고, 모양이 균일해야 한다.

☐ **외부균형** : 전체적으로 찌그러짐 없이 일정한 모양을 유지해야 하며, 롤이 튀어나오지 않고 선명하며, 잎 모양이 나타나야 한다.

☐ **껍질** : 껍질은 부드러우며, 색깔이 고르게 나야 하고, 충전물이 흐른 흔적이 없어야 한다.

☐ **내상** : 빵의 층이 선명해야 하고, 규칙적이어야 하며, 충전물이 고르게 묻어 있어야 한다.

☐ **맛과 향** : 충전물의 맛과, 빵의 발효 향이 잘 어우러져야 한다.

제조공정

1_ 재료 계량 및 전처리 : 9분

가. 분량 외 버터를 중탕으로 녹인다.

나. 충전용 계피가루와 설탕을 잘 섞는다.

2_ 반죽 : 스트레이트법(최종단계 100%), 최종반죽온도 27℃

가. 믹싱볼에 유지를 제외한 재료를 모두 넣고 저속으로 혼합하다, 한 덩어리가 되면

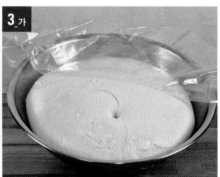

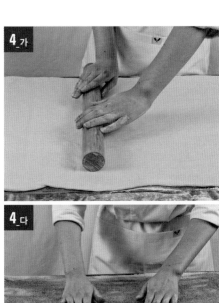

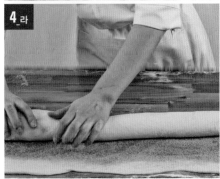

야자잎형

야자잎형

트리플리프형

트리플리프형

중속으로 클린업 단계까지 믹싱한다.

나. 클린업 단계가 되면 유지를 조금씩 넣고 저속 또는 중속으로 섞어준 후 고속으로 최종단계(100%)까지 믹싱한다.

다. 최종반죽온도를 확인한다.

3_ 1차 발효 : 온도 27℃, 습도 75~ 80%, 시간 50~60분

가. 반죽이 처음 부피의 3배, 밀가루를 묻힌 손가락으로 찔렀을 때 손가락 자국이 살짝 오므라들다 멈춘 상태까지 발효한다.

4_ 성형 : 야자잎형 12개, 트리플리프 형(세잎새형) 9개

가. 반죽을 밀대로 밀어 가로 80cm×세로 30cm×두께 0.5cm의 직사각형으로 민다.

나. 반죽의 윗부분을 1~2cm 정도 남기고 녹인 버터를 전체적으로 바른다.

다. 그 위에 계피설탕을 뿌리고 잘 펴준다.

라. 반죽의 밑부분에서부터 안쪽으로 두께가 같도록 꼬집듯이 말아준다.

마. 이음매 부분에 물을 발라준 후 잘 붙인다.

[야자잎형]

바. 반죽을 1.5cm 간격에서 밑부분이 0.5cm 정도 남도록 자르고 다시 1.5cm 간격에서 완전히 자른다.

사. 잘린 반죽을 같은 방향으로 펼쳐 하트 모양을 만든다.

[트리플리프형]

바. 반죽을 1.5cm 간격에서 윗부분이 0.5cm 정도 남도록 자르고 다시 1.5cm 간격에서 자른 후 다시 1.5cm 간격에서 완전히 자른다

사. 잘린 반죽을 같은 방향으로 펼쳐 세잎새 모양을 만든다.

5_ 팬닝 : 총 3 평철판

가. 평철판에 같은 모양의 반죽을 간격을 맞춰 놓는다.

나. 달걀물(물 3 : 달걀노른자 1)을 만들어 반죽 윗면에 얇고 고르게 바른다.

6_ 2차 발효 : 온도 35~40℃, 습도 80~90%, 시간 30~40분

7_ 굽기 : 윗불 190℃ 아랫불 150~ 160℃, 시간 12~15분

8_ 냉각

가. 구워진 반죽을 타공팬에 옮겨 냉각한다.

크럼블 스위트롤
Crumble Sweet Roll

계피향과 어울리는 달콤한 소보로를 올려 맛과
모양을 다양하게 한 제품입니다.

재료

스위트롤 반죽 500g
소보로(소보로빵 레시피 참고)

1. 스위트롤 성형 후 3cm 원통형으로 컷팅한다.

2. 원형팬에 담고 달걀물을 바른 후 소보로를 뿌려 2차 발효한다.

3. 윗불 190℃ 아랫불 150~160℃, 시간 20~25분 정도 구워준다.

TIP

＊ 스위트롤 성형 시 작업대가 작을 경우 반죽을 반으로 나눠 가로 40cm×세로 30cm×두께 0.5cm의 2개의 직사각형으로 민다.

＊ 성형 시 버터를 한쪽으로 지나치게 많이 바르면 계피설탕을 뿌렸을 때 뭉쳐져 충전물이 흐를 수 있다.

＊ 스위트롤을 말 때 일정한 두께로 말아야 일정한 제품이 나온다.

＊ 스위트롤을 말 때 너무 느슨하게 말면 잘 풀어지고, 너무 세게 말면 위로 솟구치는 모양이 나므로 말 때 힘 조절에 유의한다.

＊ 스위트롤의 중앙을 잘라줄 때 끝부분까지 잘라줘야 모양이 잘 나온다.

소시지빵
● Sausage Bread ●

시험시간	3시간 30분
공정법	스트레이트법
생산량	70g × 12개
형태	낙엽모양 또는 꽃잎모양
준비물	볼, 비닐, 가위, 칼, 주걱, 스크래퍼, 도마, 위생지, 온도계, 평철판

소시지빵의 유래는 영국 글래스소 지방의 부호였던 서시지 백작이 빵에 소시지와 치즈를 넣어 먹기 시작하면서 탄생했다고 전해진다.
우리나라에서도 인기 있는 조리빵 제품으로 베이커리에서 흔히 볼 수 있다.

배합표

재료	비율(%)	무게(g)
강력분	80	560
중력분	20	140
생이스트	4	28
제빵개량제	1	6
소금	2	14
설탕	11	76
마가린	9	62
탈지분유	5	34
달걀	5	34
물	52	364
계	189	1,318

▶ 토핑 및 충전물 (계량시간에서 제외)

재료	비율(%)	무게(g)
프랑크소시지	100	(480)
양파	72	336
마요네즈	34	158
피자치즈	22	102
케찹	24	112
계	252	1,188

요구사항

소시지빵을 제조하여 제출하시오.

❶ 배합표의 각 재료를 계량하여 재료별로 진열하시오(10분).

(토핑 및 충전물 재료의 계량은 휴지시간을 활용하시오)

- 재료계량(재료당 1분) → [감독위원 계량확인] → 작품제조 및 정리정돈(전체시험시간−재료계량시간)
- 재료계량 시간내에 계량을 완료하지 못하여 시간이 초과된 경우 및 계량을 잘못한 경우는 추가의 시간 부여 없이 작품제조 및 정리정돈 시간을 활용하여 요구사항의 무게대로 계량
- 달걀의 계량은 감독위원이 지정하는 개수로 계량

❷ 반죽은 **스트레이트법**으로 제조하시오.

❸ 반죽온도는 **27℃**를 표준으로 하시오.

❹ 반죽 분할무게는 **70g**씩 분할하시오.

❺ **완제품(토핑 및 충전물 완성)은 12개 제조하여 제출**하고 남은 반죽은 감독위원이 지정하는 장소에 따로 제출하시오.

❻ 충전물은 **발효시간을 활용**하여 제조하시오.

❼ 정형 모양은 **낙엽모양 6개와 꽃잎모양 6개씩 2가지**로 만들어서 제출하시오.

제품 평가 기준

☐ **부피** : 분할무게와 비교해 부피가 알맞고 균일해야 한다.

☐ **외부균형** : 반죽과 토핑물의 양이 균형을 이루고 낙엽모양과 꽃잎모양이 대칭을 이루어야 한다.

☐ **껍질** : 반죽 밑면은 엷은 갈색, 윗면은 연한 갈색이 나야 한다.

☐ **내상** : 기공과 조직의 크기가 고르고 부드러워야 한다.

☐ **맛과 향** : 빵과 토핑물의 맛이 잘 어우러져야 하며 씹는 촉감이 부드럽고 끈적거리지 않으며 탄 냄새, 생 재료 맛이 없어야 한다.

제조공정

1. 재료 계량 : 10분

가. 충전물을 제외하고 10분 이내에 재료 손실 없이 정확하게 계량한다. 토핑 및 충전물은 반죽을 1차 발효할 동안 계량한다.

2. 반죽 : 스트레이트법(최종단계 100%), 최종반죽온도 27℃

가. 믹싱볼에 유지를 제외한 재료를 모두 넣

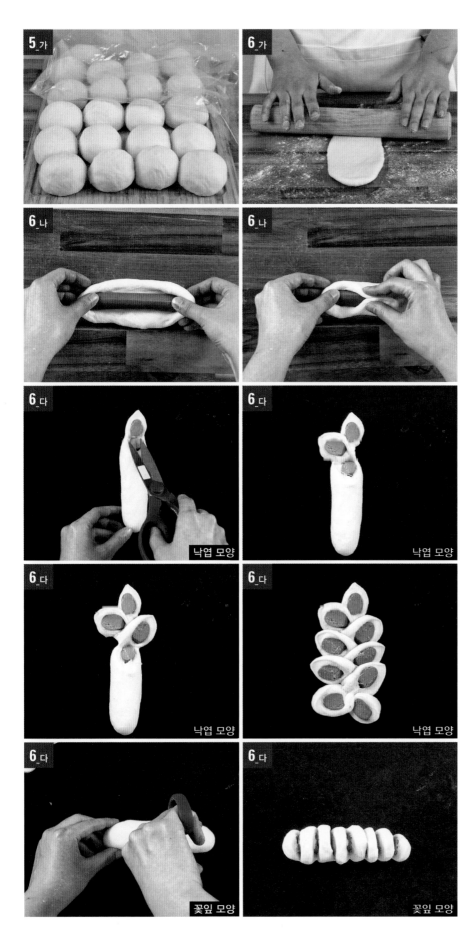

5_가

6_가

6_나

6_나

6_다 낙엽 모양

6_다 낙엽 모양

6_다 낙엽 모양

6_다 낙엽 모양

6_다 꽃잎 모양

6_다 꽃잎 모양

고 저속으로 혼합하다, 한 덩어리가 되면 중속으로 클린업 단계까지 믹싱한다.

나. 클린업 단계가 되면 유지를 조금씩 넣고 저속 또는 중속으로 섞어준 후 고속으로 최종단계(100%)까지 믹싱한다.

다. 최종반죽온도를 확인한다.

3_ 1차 발효 : 온도 27℃, 습도 75∼80%, 시간 50∼70분

가. 반죽을 둥글게 말아 볼에 담고, 표면에 비닐을 덮어 50∼70분간 발효한다. 처음 부피의 3배, 밀가루를 묻힌 손가락으로 찔렀을 때 손가락 자국이 살짝 오므라들다 멈춘 상태까지 발효한다.

4_ 분할 및 둥글리기 : 70g × 12개

가. 스크래퍼를 이용하여 70g씩 분할한다.

나. 표면을 매끄럽게 둥글리기한다.

5_ 중간발효 : 실온 10∼15분

가. 표피가 마르지 않도록 비닐을 덮어 실온에서 중간발효한다.

6 성형 : 낙엽 모양 또는 꽃잎 모양

가. 작업대 바닥에 덧기루를 살짝 뿌리고 밀대를 이용하여 반죽의 가스를 빼가며 소시지보다 큰 크기의 타원형으로 균일하게 민다.

나. 반죽 가운데에 소시지를 얹고 잘 감싸 일자로 이음새를 봉한다.

[낙엽 모양]

다. 이음매가 아래로 오도록 한 후 가위를 이용하여 반죽을 약 0.5cm의 일정한 간격으로 약간 비스듬하게 8∼9번 자른 후 양옆으로 번갈아 펴준다. 이때 반죽을 완전히 자르지 않고 밑 부분의 반죽은 잘리지 않게 주의한다.

[꽃잎 모양]

다. 이음매가 아래로 오도록 한 후 가위를 이용하여 반죽을 수직으로 7번 일정하게 자른다. 이때 반죽을 완전히 자르지 않고 밑부분의 반죽은 남아 있게 주의한다. 그후 잘린 반죽을 한 방향으로 소시지가 보이도록 펼쳐가며 꽃잎 모양을 만든다. 마지막 반죽은 가운데에 오도록 한다.

7_ 팬닝 : 1 평철판 × 6개씩, 총 2 평철판

가. 평철판에 성형된 반죽의 이음매를 아래쪽으로 하여 간격을 맞춰 6개씩 놓는다 (꽃잎 모양 1, 낙엽 모양 1 철판).

나. 달걀물(물 3 : 달걀노른자 1)을 만들어
    붓을 이용하여 반죽 윗면에 얇고 고르게
    바른다. 달걀물이 흘러내려선 안 된다.

**8_ 2차 발효 : 온도 35~40℃, 습도
    80~90%, 시간 30~40분**

가. 팬을 살짝 흔들었을 때 반죽이 살짝 흔들
    리는 상태까지 발효한다.

9_ 토핑 얹기

가. 양파를 다져 마요네즈와 섞는다.

나. 발효된 반죽 중앙 위에 (가)를 적당량 얹
    고, 피자치즈를 올린다.

다. 짤주머니에 케첩을 담아 작은 구멍을 낸
    후 지그재그로 보기 좋게 짠다.

**10_ 굽기 : 윗불 210℃ 아랫불 170℃,
    시간 15분**

가. 제품의 구워진 상태에 따라 온도를 조절
    하고, 팬을 돌려가며 균일한 황갈색이 나
    도록 굽는다.

11_ 냉각

가. 구워진 반죽을 스크래퍼를 이용하여 타
    공팬에 옮겨 냉각한다.

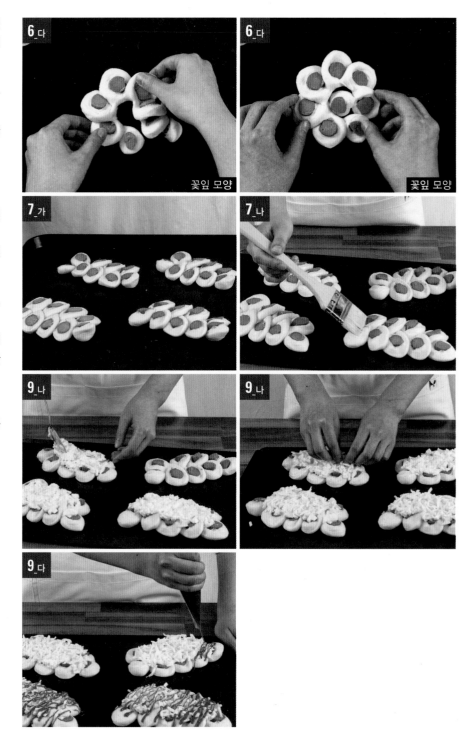

TIP

* 소시지빵의 토핑을 미리 만들어 놓으면 물이 생길 수 있으므로 토핑 직전에 혼합한다. 또한, 토핑이 너무
  많으면 빵이 주저앉을 수 있으므로 주의한다.

카레 소시지빵
Curry Sausage Bread

카레의 향과 색으로 다양함을 나타낸 제품입니다.

재료

1차 발효된 반죽 700g(10개 분량)
프랑크 소시지 10개
다진 양파 250g
마요네즈 120g
카레가루 20g
달걀 1개
토핑용 케첩
토핑용 모차렐라치즈 80g

1. 1차 발효를 마친 반죽을 70g씩 10개를 분할 후 둥글리기를 한다.

2. 표피가 마르지 않도록 비닐을 덮어 실온에서 중간발효를 한다.

3. 다진 양파에 마요네즈, 카레가루를 섞어준다.

4. 반죽을 밀대로 밀어 가스를 빼고 소시지를 감싸준 후 낙엽모양으로 만든다.

5. 성형 후 반죽 위에 달걀물을 바르고 30~40분간 2차 발효한다.

6. 준비된 토핑을 얹고 케첩을 뿌려준다.

7. 윗불 210℃ 아랫불 170℃ 오븐에서 15분간 구워준다.

가장 빠른 음식 햄버거

햄버거는 둥근 빵에 햄버그 스테이크를 끼운 음식으로 미국의 대표적인 패스트푸드(fast food)이다.

햄버거(hamburger)는 독일의 지명 함부르크(Hamburg)에서 유래된 이름이다. 도시 이름 뒤에 -er을 붙인 햄버거는 "함부르크에서 온 사람이나 물건"을 뜻한다. 독일 북구의 항구도시 함브르크의 가정 요리에서 힌트를 얻어 미국에서 개량된 이후 함브르크의 영어 발음인 햄버거로 불리게 되었다.

햄버거는 스테이크를 둥근 모양의 빵으로 감싼다는 아이디어에서 나온 음식이다. 햄버거 스테이크는 독일의 대중적인 음식인 타르타르스테이크를 원형으로 빚어 만들어서 오늘날의 햄버거 형태가 되었다는 설이 있다. 타르타르란 소의 생고기를 잘게 다져서 먹는 소고기 요리로 속까지 익히는 햄버거와는 본질적으로 다르지만 햄버거와 비슷한 음식은 타르타르스테이크 외에는 없다. 함브르크에서 뉴욕으로 출항한 이민자들이 미국에 전파하면서 빵 안에 타르타르스테이크와 피클, 양파, 양상추 등을 끼워 먹은 데에서 오늘날과 같은 햄버거가 탄생하게 되었다.

빵도넛
● Yeast Doughnut ●

시험시간	3시간
공정법	스트레이트법
생산량	46g × 44개
형태	8자형과 트위스트형 (꽈배기형)
준비물	볼, 비닐, 평철판, 주걱, 스크래퍼, 온도계, 버너, 체, 집게, 위생지

빵도넛은 밀가루에 설탕, 달걀, 우유, 지방, 이스트를 넣어 만든 반죽을 둥글게 빚어 안쪽에 구멍을 뚫거나 링모양으로 만들어 기름에 튀긴 빵이다. 주로 링 형태로 만들지만 구멍을 뚫은 안쪽의 작은 원형 모양의 반죽을 튀기기도 하고, 사각형 모양으로 조리하기도 한다.

재료	비율(%)	무게(g)
강력분	80	880
박력분	20	220
설탕	10	110
쇼트닝	12	132
소금	1.5	16.5(16)
탈지분유	3	33(32)
이스트	5	55(56)
제빵개량제	1	11(10)
바닐라향	0.2	2.2(2)
달걀	15	165(164)
물	46	506
넛메그	0.2	2.2(2)
계	194	2,132.9(2,130)

요구사항

빵도넛을 제조하여 제출하시오.

❶ 배합표의 각 재료를 계량하여 재료별로 진열하시오(**12분**).
 • 재료계량(재료당 1분) → [감독위원 계량확인] → 작품제조 및 정리정돈(전체시험 시간−재료계량시간)
 • 재료계량 시간내에 계량을 완료하지 못하여 시간이 초과된 경우 및 계량을 잘못한 경우는 추가의 시간 부여 없이 작품제조 및 정리정돈 시간을 활용하여 요구사항의 무게대로 계량
 • 달걀의 계량은 감독위원이 지정하는 개수로 계량

❷ 반죽은 **스트레이트법**으로 제조하시오(단, **유지는 클린업 단계에 첨가**하시오).

❸ 반죽온도는 **27℃**를 표준으로 하시오.

❹ 분할무게는 **46g**씩으로 하시오.

❺ 모양은 **8자형 22개**와 **트위스트형(꽈배기형) 22개**로 만드시오.
 (남은 반죽은 감독위원의 지시에 따라 별도로 제출하시오)

제품 평가 기준

☐ **부피** : 분할무게와 비교해 부피가 알맞고 균일해야 한다.
☐ **외부균형** : 모양이 흐트러지지 않고 일정해야 한다.
☐ **껍질** : 앞뒷면이 황금색을 띠며 옆면은 연한 갈색의 띠가 나타나도록 한다.
☐ **내상** : 밝고 연한 미색을 띠며 기름을 많이 흡수하지 않아야 한다.
☐ **맛과 향** : 씹는 맛이 부드럽고 탄력성이 있으며 느끼한 기름 맛과 탄 냄새, 생 재료 맛이 없어야 한다.

제조공정

1_ 재료 계량 : 12분
가. 12분 이내에 재료를 손실 없이 정확하게 계량한다.

2_ 반죽 : 스트레이트법(발전단계 80%), 최종반죽온도 27℃
가. 믹싱볼에 유지를 제외한 재료를 모두 넣

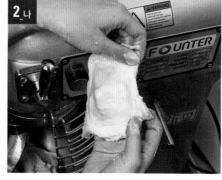

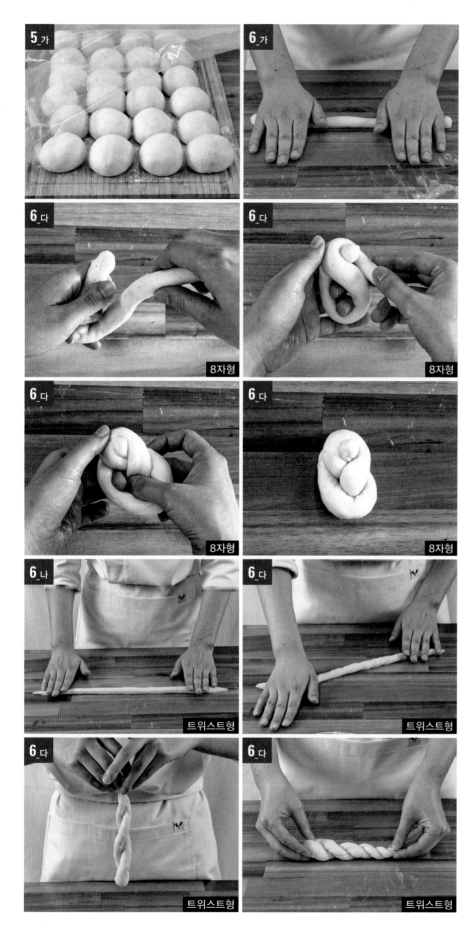

고 저속으로 혼합하다, 한 덩어리가 되면 중속으로 클린업 단계까지 믹싱한다.

나. 클린업 단계가 되면 유지를 넣고 저속 또는 중속으로 섞어준 후 고속으로 발전단계(80%)까지 믹싱한다.

다. 최종반죽온도를 확인한다.

3_ 1차 발효 : 온도 27℃, 습도 75~80%, 시간 40~50분

가. 반죽을 둥글게 말아 볼에 담고, 표면에 비닐을 덮어 40~50분간 발효한다. 처음 부피의 3배, 밀가루를 묻힌 손가락으로 찔렀을 때 손가락 자국이 살짝 오므라들다 멈춘 상태까지 발효한다.

4_ 분할 및 둥글리기 : 46g × 44개

가. 스크래퍼를 이용하여 46g씩 분할한다.

나. 표면을 매끄럽게 둥글리기한다.

5_ 중간발효 : 실온 10~15분

가. 표피가 마르지 않도록 비닐을 덮어 실온에서 중간발효한다.

6_ 성형 : 8자형과 트위스트형(꽈배기형)

가. 둥글리기 한 순서대로 반죽을 긴 타원형으로 가스를 빼가며 민다.

[8자형]

나. 모양을 잡아둔 순서대로 손바닥을 편 상태로 반죽을 밀면서, 30cm(최종 25cm) 정도의 길이로 균일하게 늘린다.

다. 반죽을 검지손가락에 걸고 8자형으로 한 바퀴 꼰 후 끝이 빠지지 않도록 잘 넣는다.

[트위스트형(꽈배기형)]

나. 모양을 잡아둔 순서대로 손바닥을 편 상태로 반죽을 밀어가며, 30cm(최종 25cm) 정도의 길이로 균일하게 늘리고 양 끝을 살짝 더 밀어 약간 뾰족하게 만든다.

다. 반죽의 양 끝부분을 양 손바닥으로 누른 채 서로 다른 방향으로 밀어 꼰 다음 반을 접으며 들어 올려 반죽이 서로 꼬아지게 한다. 그 후 끝 부분을 잘 봉한다.

7_ 팬닝 : 1 평철판 × 11~12개씩, 총 4 평철판

가. 평철판에 성형된 반죽의 이음매를 아래쪽으로 하여 간격을 맞춰 11~12개씩 놓는다.

8_ 2차 발효 : 온도 35~38℃, 습도 75~80%, 시간 20~30분

가. 도넛의 모양을 유지하기 위하여 2차 발효시간을 약 20~30분으로 짧게 한다.

9_ 튀기기 : 180~190℃, 2~3분

가. 반죽의 표면을 실온에서 살짝 건조한다.

나. 기름의 온도를 180~190℃로 올려 발효된 반죽의 윗면이 기름에 먼저 담가지도록 넣고 약 1분~1분 30초간 튀긴다.

다. 밑면에 색이 나면 한 번만 뒤집어 약 1분~1분 30초간 튀겨 위아래 경계선이 하얗게 나타나도록 한다.

10_ 냉각

가. 튀김 후 체온 정도로 냉각하여 계피설탕(설탕 9 : 계피 1)을 양면에 묻힌다.

TIP

＊ 도넛의 모양을 유지하기 위하여 반죽 믹싱이 오버되지 않게 한다.

＊ 트위스트 반죽을 성형할 때에는 한 번에 밀지 않고 여러 차례 나눠 밀어 표면이 찢어지지 않고 매끈하게 나온다. 길이와 두께가 일정해야 하며, 반죽이 줄어들 수 있으므로 약간 여유 있게 밀어준다.

＊ 도넛을 튀길 시 기름 온도가 낮으면 반죽이 퍼지고, 반죽을 자주 뒤집으면 부피가 작아지므로 주의한다.

＊ 튀긴 후 요구사항이 없으면 설탕을 뿌리지 않으며, 뿌려야 할 경우 충분히 냉각시키고 계피설탕을 묻혀야 설탕이 녹지 않는다.

콘도그
Corn Dogs

빵도넛 반죽을 이용하여 친숙한 핫도그(콘도그)로 응용한 제품입니다.
속재료는 소시지, 모차렐라치즈, 가래떡 등으로 응용할 수 있습니다.

재료

1차 발효 마친 반죽 450g
프랑크 소시지 10개
나무꼬지 10개
빵가루 200g
튀김용 식용유 적당량
달걀 1개

1. 1차 발효한 반죽을 45g씩 분할 후 중간발효한다.

2. 소시지는 살짝 데친 후 나무꼬지에 끼운다.

3. 중간발효된 반죽은 밀대로 밀어 데친 소시지를 감싸준 후 2차 발효한다(2차 발효는 빵도넛 참고).

4. 2차 발효된 반죽 겉면에 풀어둔 달걀을 바르고 빵가루를 묻힌다.

5. 180℃ 예열된 기름에 노릇하게 튀겨준다.

TIP 콘도그의 속재료는 모차렐라치즈, 가래떡, 게맛살, 삶은 달걀, 메추리알 등을 사용해도 좋다.

salva

salva korea
Salva Korea Company Limited

Salva deck Oven

46년 전통의 오븐 전문브랜드 살바 MODULER OVEN
전면 유리도어와 밝은 할로겐 조명으로 내부확인이 용이하며
세라믹 돌판 사용으로 온도 유지에 탁월합니다
터치스크린의 편리함과 세련된 디자인의 살바 데크 오븐입니다

Founter Mixer VFM20A

저소음으로 균일한 반죽을 실현하며
빵과 케익반죽을 겸할 수 있는 다용도 믹서입니다

레시피
요약

제과기능사 한 번에 끝내기
제빵기능사 한 번에 끝내기

언제 어디서나 휴대할 수 있는

레시피 요약

제과기능사 한 번에 끝내기

	제품명	페이지	시험 시간	계량 시간	반죽법	반죽온도	비중	성형 및 팬닝	굽기
1	버터스펀지 케이크 (공립법)	27	1시간 50분	5분	공립법	25℃	0.50±0.05	원형3호팬(21cm) 4개	윗불 180℃ 아랫불 160℃ 시간 25~30분
2	버터스펀지 케이크 (별립법)	31	1시간 50분	8분	별립법	23℃	0.55±0.05	원형3호팬(21cm) 4개	윗불 180℃ 아랫불 160℃ 시간 25~30분
3	시퐁 케이크 (시퐁법)	35	1시간 40분	8분	시퐁법	23℃	0.45±0.05	시퐁 3호팬(21cm) 4개	윗불 180℃ 아랫불 160℃ 시간 25~30분
4	젤리롤 케이크	39	1시간 30분	8분	공립법	23℃	0.45±0.05	둥글게 만 원통형 1개 캐러멜 색소 무늬 내기	윗불 180℃ 아랫불 150℃ 시간 20분 냉각 후 말기 (딸기잼)
5	소프트롤 케이크	43	1시간 50분	10분	별립법	22~	0.45±0.05	둥글게 만 원통형 1개 캐러멜 색소 무늬 내기	윗불 180℃ 아랫불 150℃ 시간 20분 냉각 후 말기 (딸기잼)

제품명	페이지	시험시간	계량시간	반죽법	반죽온도	비중	성형 및 팬닝	굽기
6 초코롤 케이크	49	1시간 50분	7분	공립법	24℃	0.45±0.05	동글게 만 원통형 1개	윗불 180℃ 아랫불 150℃ 시간 20분 냉각 후 말기 (가나슈)
7 흑미롤 케이크	53	1시간 50분	7분	공립법	25℃	0.45±0.05	동글게 만 원통형 1개	윗불 180℃ 아랫불 150℃ 시간 20분 냉각 후 말기 (생크림)
8 치즈 케이크	57	2시간 30분	9분	별립법	20℃	비중 0.70±0.05	감독위원이 개수 지정	윗불 200℃→150℃ 아랫불 150℃ 시간 40~50분
9 파운드 케이크	61	2시간 30분	9분	크림법	23℃	0.80±0.05	파운드틀 4개	윗불 200℃→180℃ 아랫불 170℃ 시간 30~45분
10 과일 케이크	65	2시간 30분	13분	별립법	23℃		원형3호팬(21cm) 4개 또는 파운드틀 4개	윗불 180℃ 아랫불 160℃ 시간 35~40분
11 브라우니	71	1시간 50분	9분	1단계 변형 반죽법	27℃		원형3호팬(21cm) 2개	윗불 180℃ 아랫불 160℃ 시간 35~40분

	제품명	페이지	시험 시간	계량 시간	반죽법	반죽온도	비중	성형 및 팬닝	굽기
12	마데라(컵) 케이크	75	2시간	9분	크림법	24℃		감독위원이 개수 지정	윗불 180℃ 아랫불 160℃ 시간 20~25분 구운 후 적포도주 용당 1회
13	초코머핀 (초코컵케이크)	79	1시간 50분	1분	크림법	24℃		감독위원이 개수 지정	윗불 180℃ 아랫불 160℃ 시간 20~25분
14	버터 쿠키	83	2시간	6분	크림법	22℃		평철판 2~3판 (8자, 장미모양)	윗불 190℃ 아랫불 160℃ 시간 10~15분
15	쇼트브레드 쿠키	87	2시간	3분	크림법	20℃		평철판 2판 (두께 0.7~0.8cm, 지름 5~6cm 노른자칠 후 무늬 내기)	윗불 190℃ 아랫불 150℃ 시간 12~15분
16	다쿠와즈	91	1시간 50분	5분	머랭법			다쿠와즈틀 2판	윗불 180℃ 아랫불 160℃ 시간 15~20분
17	마드레느	95	1시간 50분	7분	1단계법(변형) 반죽법	24℃		마드레느팬 2~3판	윗불 190℃ 아랫불 150℃ 시간 약 15~20분

제품명	페이지	시험 시간	계량 시간	반죽법	반죽온도	비중	성형 및 팬닝	굽기
슈	99	2시간	5분				평철판 2판 (직경 3cm 원형)	윗불 180℃→200℃ 아랫불 200℃→180℃ 시간 5~10분→20분
타르트	103	2시간 20분	5분	크림법	20℃		타르트팬(10~12cm) 8개	윗불 180℃ 아랫불 180℃ 시간 25~30분
호두파이	109	2시간 30분	7분	블렌딩법			원형 파이팬(12~15cm, 지급된 사이즈 이용) 7개 (호두 충전물 충전)	윗불 170℃ 아랫불 190℃ 시간 30~35분

제빵기능사 한 번에 끝내기

	제품명	페이지	시험시간	계량	반죽	1차발효	분할 및 둥글리기	중간발효	성형 및 팬닝	2차발효	굽기
1	식빵 (비상스트레이트법)	117	2시간 40분	8분	비상스트레이트법 최종단계후 12%, 최종반죽온도 30℃	온도 30℃ 습도 75~80% 시간 15~30분	170g 12개	실온 10~15분	삼봉형 4개	온도 35~38℃ 습도 85~90% 시간 30~40분 식빵틀 0.5cm 위	윗불 160~170℃ 아랫불 190℃ 시간 30~35분
2	우유식빵	121	3시간 40분	8분	스트레이트법 최종단계 100℃ 최종반죽온도 27℃	온도 27℃ 습도 75~80% 시간 60~70분	180g 12개	실온 10~15분	삼봉형 4개	온도 35~38℃ 습도 85~90% 시간 40~50분 식빵틀 0.5cm 위	윗불 160~170℃ 아랫불 190℃ 시간 30~35분
3	풀만식빵	125	3시간 40분	9분	스트레이트법 최종단계 100% 최종반죽온도 27℃	온도 27℃ 습도 75~80% 시간 60~70분	250g 1C개	실온 10~15분	사각식빵형 5개	온도 35~38℃ 습도 85~90% 시간 30~40분 식빵틀 1cm 아래	윗불 190℃ 아랫불 190℃ 시간 30~40분
4	옥수수식빵	129	3시간 40분	10분	스트레이트법 발전단계후기 75% 최종반죽온도 27℃	온도 27℃ 습도 75~80% 시간 60~80분	180g 13개	실온 10~15분	삼봉형 4개	온도 35~38℃ 습도 85~90% 시간 30~40분 식빵틀 1cm 위	윗불 160~170℃ 아랫불 190℃ 시간 30~35분
5	쌀식빵	133	3시간 40분	9분	스트레이트법 발전단계후기 50% 최종반죽온도 27℃	온도 27℃ 습도 75~80% 시간 50~70분	198g 12개	실온 10~15분	삼봉형 4개	온도 35~38℃ 습도 85~90% 시간 40~50분 식빵틀 1cm 위	윗불 160~170℃ 아랫불 180~190℃ 시간 30~35분

제품명	페이지	시공 시간	계량	반죽	1차발효	분할 및 둥글리기	중간 발효	성형 및 팬닝	2차발효	굽기
6 밤식빵	137	3시간 40분	10분	스트레이트법 최종반죽온도 27℃	온도 27℃ 습도 75~80% 시간 50~60분	450g 5개	실온 10~15분	One loaf형 5개	온도 35~38℃ 습도 85~90% 시간 30~40분 식빵틀 1cm 이래	토핑 짜기→ 윗불 160~170℃ 이랫불 190℃ 시간 30~35분
7 버터톱 식빵	143	3시간 30분	9분	스트레이트법 최종반죽온도 27℃	온도 27℃ 습도 75~80% 시간 50~60분	460g 5개	실온 10~15분	One loaf형 5개	온도 35~38℃ 습도 85~90% 시간 30~35분 식빵틀 1cm 이래	칼집, 버터 짜기→ 윗불 170℃ 이랫불 190℃ 시간 30~35분
8 옥수수식빵	147	3시간 30분	10분	스트레이트법 발전단계~최종반죽온도 25℃	온도 27℃ 습도 75~80% 시간 50~60분	330g 5~6개	실온 10~20분	타원형	온도 32~35℃ 습도 85~90% 시간 25~35분 75~80%	윗불 190℃ 이랫불 160℃ 시간 15~20분
9 통밀빵	151	3시간 30분	10분	스트레이트법 발전단계 100% 최종반죽온도 27℃	온도 27℃ 습도 75~80% 시간 50~60분	200g 8개	실온 15~20분	밀대(봉)형	온도 35~38℃ 습도 80~90% 시간 35~45분 실색 들둘리는 상태	윗불 190℃ 이랫불 160℃ 시간 12~15분
10 버터롤	155	3시간 30분	9분	스트레이트법 최종반죽온도 27℃	온도 27℃ 습도 75~80% 시간 60~70분	50g 24개	실온 10~15분	번대기형	온도 35~40℃ 습도 80~90% 시간 30~40분 실색 들둘리는 상태	윗불 190℃ 이랫불 160℃ 시간 150~160분
11 베이글	159	3시간 30분	7분	스트레이트법 발전단계 80% 최종반죽온도 27℃	온도 27℃ 습도 75~80% 시간 40~50분	80g 16개	실온 10~15분	링 모양	온도 30~33℃ 습도 75~80% 시간 20~30분	데치기→ 윗불 200℃ 이랫불 170℃ 시간 12~15분

제품명	페이지	시험시간	계량	반죽	1차발효	분할 및 둥글리기	중간발효	성형 및 팬닝	2차발효	굽기
12 그리시니	163	2시간 30분	8분	스트레이트법 발전단계 80% 최종반죽온도 27℃	온도 27℃ 습도 70~80% 시간 30분	크기 4조각	실온 10~15분	35~40cm 긴 막대기형	온도 30~35℃ 습도 75~85% 시간 10~20분	윗불 190~200℃ 아랫불 160℃ 시간 15~20분
13 모카빵	167	3시간 30분	11분	스트레이트법 최종단계 100% 최종반죽온도 27℃	온도 27℃ 습도 75~80% 시간 45~60분	250g 1개	실온 10~15분	타원형 (토핑 씌우기)	온도 35~38℃ 습도 85% 시간 30~40분 실척 흔들리는 상태	윗불 180℃ 아랫불 160℃ 시간 25~30분
14 단과자빵 (트위스트형)	173	3시간 30분	9분	스트레이트법 최종단계 100% 최종반죽온도 27℃	온도 27℃ 습도 75~80% 시간 60~70분	50g 2개	실온 10~15분	8자형 달팽이형	온도 35~40℃ 습도 80~90% 시간 30~40분 실척 흔들리는 상태	윗불 190℃ 아랫불 150℃ 시간 12~15분
15 단과자빵 (소보로빵)	179	3시간 30분	9분	스트레이트법 최종단계 100% 최종반죽온도 27℃	온도 27℃ 습도 75~80% 시간 60~70분	50g 2개	실온 10~15분	원형 (토핑 묻히기)	온도 35~40℃ 습도 80~90% 시간 30~40분 실척 흔들리는 상태	윗불 180℃ 아랫불 150℃ 시간 12~15분
16 단과자빵 (크림빵)	185	3시간 30분	9분	스트레이트법 최종단계 100% 최종반죽온도 27℃	온도 27℃ 습도 75~80% 시간 60~70분	45g 2개	실온 10~15분	반달형 (충전 12개, 비충전 12개)	온도 35~40℃ 습도 80~90% 시간 30~40분 실척 흔들리는 상태	윗불 180℃ 아랫불 150℃ 시간 12~15분
17 단팥빵 (비상스트 레이트법)	189	3시간	9분	비상스트레이트법 최종단계 100% 최종반죽온도 30℃	온도 30℃ 습도 75~80% 시간 15~30분	50g 24개	실온 10~15분	원형 (앙금 충전)	온도 35~40℃ 습도 80~90% 시간 30~40분 실척 흔들리는 상태	윗불 180℃ 아랫불 150℃ 시간 12~15분

제품명	페이지	시험 시간	계량	반죽	1차발효	분할 및 둥글리기	중간 발효	성형 및 팬닝	2차발효	굽기
18 스위트롤	193	3시간 30분	9분	스트레이트법 최종단계 100% 최종반죽온도 27℃	온도 27℃ 습도 75~80% 시간 50~60분			(계피설탕 뿌리기) 야자잎형 12개 세일새형 9개	온도 35~40℃ 습도 80~90% 시간 30~40분 살짝 흔들리는 상태	윗불 190℃ 아랫불 150~160℃ 시간 12~15분
19 소시지빵	197	3시간 30분	10분	스트레이트법 최종단계 100% 최종반죽온도 27℃	온도 27℃ 습도 75~80% 시간 50~70분	70g 12개	실온 10~15분	낙엽 모양 꽃잎 모양 (소시지 충전)	온도 35~40℃ 습도 80~90% 시간 30~40분 살짝 흔들리는 상태	윗불 210℃ 아랫불 170℃ 시간 15분
20 빵도넛	203	3시간	12분	스트레이트법 발전단계 80% 최종반죽온도 27℃	온도 27℃ 습도 75~80% 시간 40~50분	45g 47개	실온 10~15분	8자형 꽈배기형	온도 35~38℃ 습도 75~80% 시간 20~30분	튀김 180~190℃ 2~3분